高等职业教育智能制造精品教材

U0747989

机械零件
检测技术

主编 谭 霖
主审 杨 超

中南大学出版社
www.csupress.com.cn
·长沙·

内容简介

　　"机械零件检测技术"是智能制造专业群的专业基础课程，本书结合三一集团有限公司先进的检测设备、检测流程、作业标准，并针对多种典型的机械加工产品，从产品技术要求、量具选用、检测方法、数据记录及质量改进五个方面循序渐进地设计了共 10 个教学项目，包括零件检测基础知识，长度尺寸的检测，轴类零件尺寸的检测，套类零件尺寸的检测，表面粗糙度的检测，螺纹的检测，直线度、圆度和圆柱度的检测，平面度、平行度、垂直度的检测，同轴度和跳动的检测，三坐标测量，以突出学生实践能力及质量意识的培养。本书是高等职业教育教材，亦可供相关技术人员参考。

高等职业教育智能制造精品教材编委会

主　任

张　辉

副主任

杨　超　　邓秋香

委　员

（以姓氏笔画为序）

马　娇　　龙　超　　宁艳梅

匡益明　　伍建桥　　刘湘冬

杨雪男　　沈　敏　　张秀玲

陈正龙　　范芬雄　　欧阳再东

胡军林　　徐作栋

前言 PREFACE

"机械零件检测技术"是智能制造专业群的专业基础课程，该课程是高职智能制造专业群学生今后职业发展的重要专业基础。为了培养制造业急需的高技能人才，本书结合三一集团有限公司先进的制造设备、生产工艺、检测标准，并针对多种典型的机械加工零件，从"产品技术要求、量具选用、检测方法、数据记录及质量改进"五个方面循序渐进地设计了共 10 个教学项目，突出学生实践能力及自学能力的培养。

本课程宜采用理实一体的教学方式，以任务驱动法进行教学，总课时为 64 学时(4 周)。由带班教师和岗位师傅共同实施理论与实践内容的教学，让学生快速高效地掌握现场机械零件检测技能。

本教材由湖南三一工业职业学院谭霖主编，宾立、刘枫等参编，杨超主审。在编写过程中得到了三一集团有限公司质量检测中心相关领导及专家的大力支持和帮助，参考了国内外相关文献，在此一并致谢。

由于编者水平有限，时间仓促，书中难免存在错误和不足之处，恳请读者批评指正，以求不断完善。

编　者

2020 年 1 月

目 录 CONTENTS

项目一
零件检测基础知识

任务一　检验员职责

【知识目标】

➢ 了解检验员相关岗位的质量职责；
➢ 了解质量管理的基本概念；
➢ 了解生产中常见的质量控制图表、工艺文件和基本方法。

【能力目标】

➢ 能进行个别访谈，有效获取所需的信息；
➢ 能进行质量数据的简单统计。

【任务描述】

通过对生产现场的调研和访谈，体验相关岗位质量职责和工作要求；了解生产实际中常用的检测工具和方法，获得生产中检测和质量控制的感性认识，做好以下几点：

(1)记录操作岗位和检验岗位所用的检测工具和不同零件特征所采用的检测方法；

(2)收集工厂质量控制文件、图表等原始材料；

(3)现场学习过程检验卡、首巡检记录表等文件的填写，质量数据的简单统计方法；提交调研报告，交流心得体会。

【知识拓展】

一、质量管理的基本概念

1.质量与质量管理

(1)质量(quality)　2000 版 ISO 系列国际标准对质量的定义：质量是一组固有特性满足要求的程度。"要求"是指"明示的、通常隐含的或必须履行的需求和期望"。

产品的固有特性包括以下几个方面：

1

①适用性　产品适合使用的特性，包括使用性能、辅助性能和适应性。

②可信性　包括可靠性和可维修性。

③经济性　产品在使用过程中所需投入费用的大小。

④美观性　指产品的审美特性与目标顾客期望的符合程度。

⑤安全性　在存放和使用过程中对使用者的财产和人身不会构成损害的特性。

（2）质量管理（quality management）　是指导和控制组织的与质量有关的相互协调的活动。通常包括质量方针和质量目标的建立、质量策划、质量控制、质量保证和质量改进。质量管理与质量控制关系图，如图1-1所示。

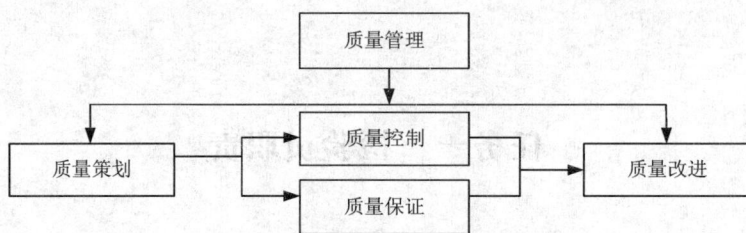

图1-1　质量管理与质量控制关系图

2. 质量检验

（1）概念　质量检验就是借助于某种手段或方法，测定产品的质量特性，然后把测定的结果同规定的质量标准比较，从而对该产品做出合格或不合格的判断；对不合格的产品还要作出适用或不适用的判断。前者为合格性判断，可由检验员或操作者执行，后者称为适用性判断，一般由主管部门或领导执行。

（2）质量检验的工作过程　明确质量要求→测试→比较→判定→处理（如接收、拒收、筛选、打标记、隔离、记录并反馈等）。

（3）质量检验工作的职能　鉴别、把关、预防、报告四职能。

（4）三检制　操作者的"自检""互检"和专职检验员的"专检"相结合的制度。

（5）检验的"三员"　产品质量的检验员、"质量第一"的宣传员和生产技术的辅导员。

（6）三自检制　操作者的"自检、自分、自做标记"的检验制度。

（7）检验员的"三满意"　为生产服务的态度让工人满意，检验过的产品让下道工序满意，出厂的产品质量让用户满意。

二、三一集团有限公司检验员岗位职责

（1）每天必须抽查20种物料；

（2）每天巡查不少于2次，上午、下午各1次；

（3）及时填写不合格品处置单并跟踪确认；

（4）不合格率统计；

（5）检验标识；

（6）SPC控制图运用与实施；

（7）首检执行率统计及产品首检；

(8)技术文件跟踪；

(9)根据再检票和后工序反馈问题分析原因采取对策；

(10)4M 管理检查确认；

(11)每天检查所负责班级各种记录；

(12)生产现场发现异常问题及时报告；

(13)根据密不可分计划对零件定检；

(14)根据现场各类问题提交合理化建议；

(15)参与班级 QC 活动。

三、质量特性数据及统计计算

1. 质量特性

质量特性是指产品、过程或体系与要求有关的固有特性。它是以顾客和其他受益者的要求为出发点，并以各种数据指标，即质量指标或质量特性值表现出来。

2. 质量数据

可分为数字数据和非数字数据。见表 1－1 所示。

表 1－1　质量数据

项目	数字数据(统计型)	非数字数据(情报型)
特点	定量描述	定性描述
收集方法	取样、测试、计算、记录	调查、研究
处理方法	对数据进行统计计算，取得反映客观规律的质量特征值	对语言资料进行分类、归纳、整理，得到有条理的思路
功能	实施统计推断及统计控制	作为决策依据
分析方法	控制图、散布图、直方图、试验设计、方差分析、回归分析等	因果图、分层图、流程图、树图、水平对比法、头脑风暴法等

3. 质量数据的获取

(1)全数检验　对待检总体中的全部个体逐一观察、测量、计数、登记，从而获得对总体质量水平评价结论的方法。在有限的总体中，对重要的检测项目，当可采用简易、快速且非破坏性检验方法时，应选用全数检验方案。

(2)随机抽样检验　是按照数理统计原理预告设计的抽样方案，从待检总体中抽取部分个体组成样本，根据对样本中样品检测的结果，推断总体质量水平的一种检验方法。可用于总体量大，或破坏性检验和生产过程的质量监控，完成全数检测无法进行的检测项目。

抽样的分类如下：

简单抽样，又称纯随机抽样或完全随机抽样。它是对总体不进行任何加工，直接进行随机抽样获取样本的一种抽样方法。所选个体即为样品。

分层抽样，又称分类抽样或分组抽样。它是将总体按与研究目的有关的某一特性分为若干组，然后在每组内随机抽取样品组成样本的方法。特别适合于总体比较复杂的情况。

等距抽样，又称机械抽样、系统抽样。它是将个体按某一特性排除编号后分为 n 组，这时每组有 k 个个体，然后在第一组内随机抽取第一个样品，以后每隔一定距离(k 个)抽选一个样品组成样品的方法。注意距离值不要与总体质量特性值的变动周期一致，以免产生系统误差。

（3）搜集数据的注意事项

①搜集数据的目的要明确。目的不同，搜集的过程和方法也不同。

②正确判断来源于反映客观事实的数据。

③搜集到的数据应按一定的标志进行分组归类。

④记下搜集到数据的条件，如抽样方式、时间、检测仪器、工艺条件以及测定人员等。

4. 质量数据的处理

对样本所获得的质量数据进行一定的计算处理，可获得这组数据的一些特征值，以便下一步对所得数据的分析和总体质量状况的判断。常用的有描述数据分布集中趋势的算术平均数、中位数，描述数据分布离散趋势的极差、标准偏差和离散系数等。

【任务实施】

（1）清洁、保养本组所用游标卡尺、千分尺等常用量具；

（2）使用 I 级量块检测游标卡尺内卡、外卡、深度三个方面的精度，记录测量数据，填写实验报表；

（3）对不合格常用量具进行精度调整。

【任务考核】

根据任务要求完成游标卡尺的精度检测，并填写完成实验报表。

	名称	测量范围	示值范围	分度值
计量器具				
卡尺结构图				

续上表

测量数据	实测尺寸				
	游标卡尺精度检测		千分尺精度检测		
外卡					
内卡					
深度					
合格性判断					
实训心得					
班级	姓名	学号	审核老师	成绩	日期

【思考与拓展】

1. 了解本岗位工作职责。

2. 如何成为一名合格的检验员?

任务二　常用量具维护和保养

【知识目标】

➤ 了解游标卡尺校验和精度管理；
➤ 了解千分尺校验和精度管理；
➤ 学会游标卡尺、千分尺的维护和保养。

【能力目标】

➤ 能进行游标卡尺、千分尺精度校验；
➤ 能对常用量具精度不良进行维护。

【任务描述】

通过对游标卡尺、千分尺的结构、原理学习，掌握游标卡尺、千分尺的校验规程，并记录校验数据，判断其是否合格，对精度不良的量具进行修理，养成爱护量具的良好习惯。

（1）对游标卡尺进行校验，并记录校验数值；
（2）对千分尺进行校验，并记录校验数值；
（3）对精度不良量具进行维护；
（4）填写作业指导书。

【知识拓展】

一、游标卡尺的校验

1. 目的
使游标卡尺的校验工作有所依循。
2. 范围
凡普通游标卡尺、带表游标卡尺、数显游标卡尺、高度游标卡尺、深度游标卡尺均适用。
3. 校正仪器
校正工具：量块。
辅助工具：酒精、白手套、脱脂棉、防锈油、平台。
4. 校验步骤
（1）外观检查：目视卡尺表面应无锈蚀、碰伤及其他缺陷；刻度线与数字应清晰、均匀；带表卡尺表盘刻度线应清晰、平直，表面透明清洁；数显卡尺的液晶显示无残缺，玻璃表面应透明、洁净、无划痕（如图1-2）。
（2）部位检查调整：手动各部位，尺框沿尺身移动平稳，紧固螺钉作用可靠；深度尺不允许有晃动（如图1-3）。
（3）基准点校正：将卡尺内量爪并拢后，中缝对准光线，稍能看到均匀的微光，此时普通

图1-2　游标卡尺外观检查

图1-3　游标卡尺部件检查

卡尺的零位偏差不能超过其最小精度；带表卡尺和数显卡尺能正常归零（如图1-4）。

（4）外量爪校正：首先用量爪的内、中、外三部分测量任意量块，其误差值应不超过最小精度；其次任选能涵盖卡尺整个量程的三个或三组以上的量块用量爪夹紧两端面测量，此时卡尺上的读数减去量块尺寸，即为示值误差（如图1-5）。

（5）内量爪的精度校正：首先将量块组合成如图1-6所示的形状，然后在凹下部分两侧按外量爪的方法校验精度和平行度。

（6）深度尺、高度尺部分精度：将适当的量块竖直放在平台上，测量其高度后，用测得的实际高度减去量块尺寸或组合尺寸即为误差（如图1-7）。

（7）示值变动性的检定：在相同条件下，移动尺框，在任意位置上，使量爪测量面与量块或平板重复接触10次并读数，示值变动性以最大、最小读数差来确定。游标尺的示值变动性应不超过分度值的1/2。

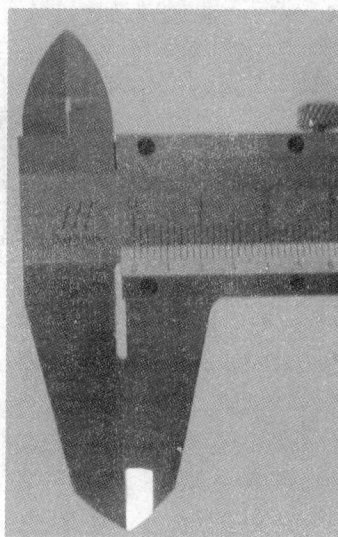

图1-4　游标卡尺基准校正

图 1 - 5   游标卡尺外量爪校正

图 1 - 6   内量爪校正

图 1 - 7   深度尺校正

5. 示值误差

均应符合表1-2的规定。带深度测量杆的卡尺，深度测量杆在20 mm点的示值误差应不超过1个分度值(分辨力)。

表1-2　通用卡尺示值最大允许误差　　　　　　　　单位：mm

测量范围上限	分度值(分辨力)		
	0.01, 0.02	0.05	0.10
	示值最大允许误差		
70	±0.02	±0.05	±0.10
200	±0.03		
300	±0.04	±0.08	
500	±0.05		
1000	±0.07	±0.10	±0.15
1500	±0.10	±0.15	±0.20
2000	±0.14	±0.20	±0.25

(参考《通用卡尺检定规程》JJG 30—2012)

6. 检定结果的处理

(1)根据检定情况，每检定一个数据随时填写在"检定记录"中，记录应清晰、数据准确、无涂改，确因笔误需更改时，应按规定执行。

(2)经检定符合检定规程要求的发给检定证书，不符合要求的发给检定结果通知书，并注明不合格项目。

(3)周期检定执行"监视和测量装置周期检定作业指导书"。

二、千分尺的校验

1. 适用范围

0~25 mm、25~50 mm、50~75 mm、100~125 mm 等。

2. 校验环境条件

温度：15~25℃

湿度：10%~80% RH

3. 作业内容

(1)校验前

①目视检验，外部不得有弯曲变形、磨损，检查指针能否归零；

②检验千分尺各组成部分有无损坏。

(2)校验中

①校验时选择下列规格量块：5 mm、10 mm、20 mm、25 mm；

②量测时千分尺量测面与量块面保持垂直；

③将量测读值减去量块值即为误差值。

（3）校验后

①千分尺遇有外观不良如弯曲变形、磨损时，若误差值已超出合格标准则禁止使用；

②校验完毕，应贴上标签标识，并将结果记录于仪器/量具校验履历及校验报告；

③量块使用完毕须擦拭干净，并上防锈剂。

4. 判定标准

千分尺的允差为 ±0.002 mm。

三、ISO 9000 计量要求

ISO 9000 对计量管理的要求与对策如表 1 − 3 所示。

表 1 − 3　ISO 9000 对计量管理的要求与对策

ISO 要求	对策
供方对其用以证实产品符合规定要求的检验、测量和试验设备（包括试验软件）应建立并保持控制、校准和维修和形成文件的程序。检验、测量与试验设备使用时，应确保其测量不确定度已知，并与要求的测量能力一致。 如果试验软件或比较标准（如试验硬件）用作检验手段时，使用前，应加以校验，以证明其能用于验证生产、安装和服务过程中产品的可接受性，并按规定周期加以复检。供方应规定复检的内容和周期，并保存记录作为控制和依据	（1）制定量规仪器校验与管理程序，此程序制定需符合企业实际状况的需求。 （2）确定了校验管理的范围。 （3）使用中的计量器具须在合格有效期内，且符合量值传递要求。 任何测试软体和比较标准在使用前应查核，并定期复检
（1）确定测量任务及所要求的准确度，选择适用的具有所需准确度的精密度的检验、测量和试验设备。 （2）确认影响产品质量的所有检验、测量和试验设备，按规定的周期或使用前对照与国际或国家承认的有关基准有已知有效关系的鉴定合格的设备进行校准和调整。当不存在上述基准时，用于校准的依据应形成文件	依据精确度（不确定度）要求，选用适合需要的计量设备。 新仪器必须定期追溯校准，以确定其精确度在有效范围内。 无追溯基准时，应书面规定定期校验的方法

续表 1-3

ISO 要求	对策
（3）规定校准检验、测量和试验设备的过程，其内容包括设备型号，唯一性标识、地点、校验周期、校验方法、验收准则，以及发现问题应采取的措施。 （4）检验、测量和试验设备应带有表现其校准状态的合适的标志和经批准的识别记录。 （5）保存检验、测量和试验设备的校准记录。 （6）发现检验测量和试验设备偏离校准状态时，应评定已检验和试验结果的有效性，并形成文件。 （7）确保校准、检验、测量和试验有适宜和环境条件。 （8）确保检验、测量和试验设备在搬运、防护和贮存期间，其准确度和适用性保持完好。 （9）防止检验、测量和试验设备（包括试验硬件和软件）因调整不当而使其校准失效	制定计量器具一览表、履历卡，规定校验周期，管理并随时更新这些资料。有内校的，应规定人、标准器、校验环境、校验方法等具体要求。 仪器追溯校验后应粘贴校验标签，免校及暂停使用的仪器亦粘贴标签。 保存校准记录，以掌握仪器的控制状态。 仪器校准记录显示有偏差时，应对已测量结果进行有效性分析并改善后形成书面记录。 仪器校验必须在一个适宜的认可环境条件下进行，可避免不合格的环境造成校验误差。 搬运、防护和贮存的作业方法，并予搬运、防护和贮存后，重新使用时，再做必要的功能测试。 仪器校验后，可调整部位，应贴上封签，绝对禁调整，如有偏差，则需再行送校

四、千分尺精度不良的修理

（一）千分尺测量面修理

（1）修理对象：外径测微计测量面（平行度，平面度，伤，锈蚀等）。
（2）所需器具：与测微计相应尺寸的研磨器 2 套（粗研，精研），每套 4 个。
（3）合成钻石研磨膏（粗研 W7，精研 W1），煤油，无尘布，抹布。
（4）修理步骤如表 1-4 所示。

表 1-4　千分尺测量面修理步骤

1. 准备：用纸巾或抹布和煤油将测微计彻底清理干净，特别是要修理的两测定端面	2. 粗研：使用粗研研磨器，加 W7 研磨膏

3.研磨器加煤油	4.两测量面夹住研磨器，再外加 15～20 μm 的给进量，左手握住研磨器不动，右手握住千分尺手柄绕着轴心作半圆周匀速往复运动
5.粗研后测定面的确认：纹线为均匀的同心圆为宜	6.精研：与粗研修理方法相同
7.测定面的确认：经过精研磨后的测量面光亮如新，没有任何划伤和纹线	8.清洁：将研磨后的千分尺和研磨器用煤油或酒精彻底地清洁干净

（二）棘轮测力不良、损坏、卡滞，锁定装置修理

损坏原因：长时间使用导致磨耗，脱落。

修理步骤如表 1-5 所示。

表 1-5　棘轮修理步骤

1. 用专用小扳手将棘轮取下，清洁或更换	2. 用螺丝刀将锁定螺钉取下，清洁或更换
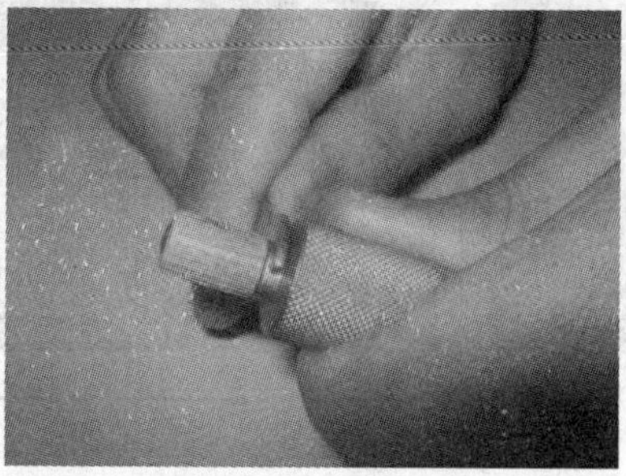	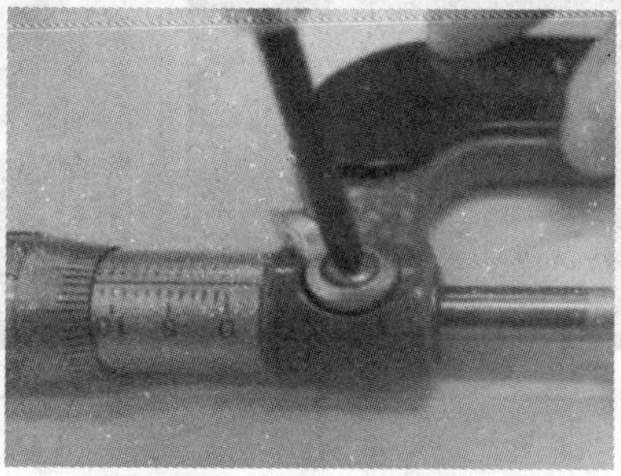

（三）主轴松动，卡住修理

损坏原因：使用不当引起。

修理步骤如表 1-6 所示。

表 1-6　主轴修理步骤

1. 先把微分筒取下	2. 进行清理
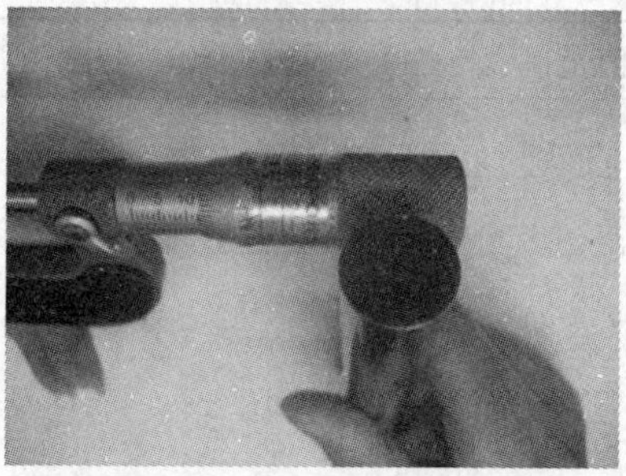	
3. 用扳手调节螺母到适当位置	4. 安装、调整微分筒
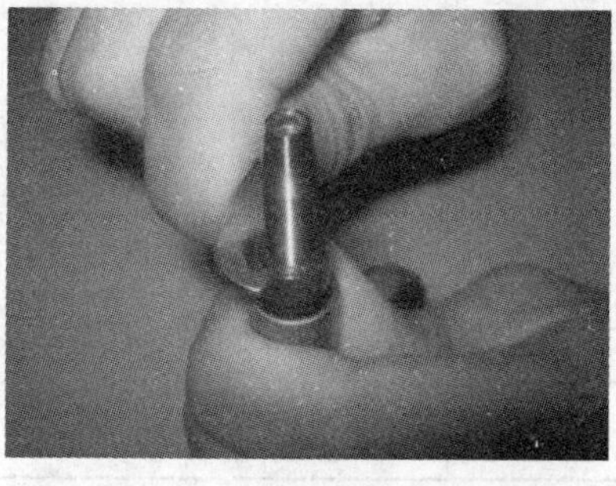	

(四)示值误差修理

损坏原因：长时间使用引起。

修理步骤如表 1-7 所示。

表 1-7 示值误差调整步骤

1. 把测微螺杆取出,加少量研磨膏	2. 测微螺杆安装到固定套筒里	3. 对示值误差较大部位进行研磨

【任务实施】

1. 清洁、保养本组所用游标卡尺、千分尺等常用量具;

2. 使用 I 级量块检测千分尺的精度,记录测量数据,填写实验报表;

3. 对不合格常用量具进行精度调整。

【任务考核】

根据任务要求完成千分尺的精度检测,并填写完成实验报表。

	名称	测量范围	示值范围	分度值
计量器具				
千分尺结构图				

14

续上表

测量数据	实测尺寸				
	游标卡尺精度检测		千分尺精度检测		
0 位					
0～10					
0～25					
合格性判断					
实训心得					
班级	姓名	学号	审核老师	成绩	日期

【思考与拓展】

1. 千分尺如何进行精度调试？
2. 在实习和工作中如何改进对量具的维护和保养？
3. 试分析千分尺出现精度不合格和损坏的原因。

项目二
长度尺寸的检测

任务　卡规的检测

【知识拓展】

一、尺寸

1. 尺寸

尺寸是指以特定单位表示线性尺寸值的数值。线性尺寸值包括直径、半径、宽度、深度、高度和中心距等。机械图样上的尺寸通常以毫米（mm）为单位，在标注时省略单位，只标注数值。

2. 实际尺寸

实际尺寸（Da，da）是指通过测量所得的尺寸。由于存在测量误差，实际尺寸并非尺寸真值。

3. 极限尺寸

允许尺寸变化的两个界限值称为极限尺寸。其中较大的称为上极限尺寸（D_{max}，d_{max}），较

16

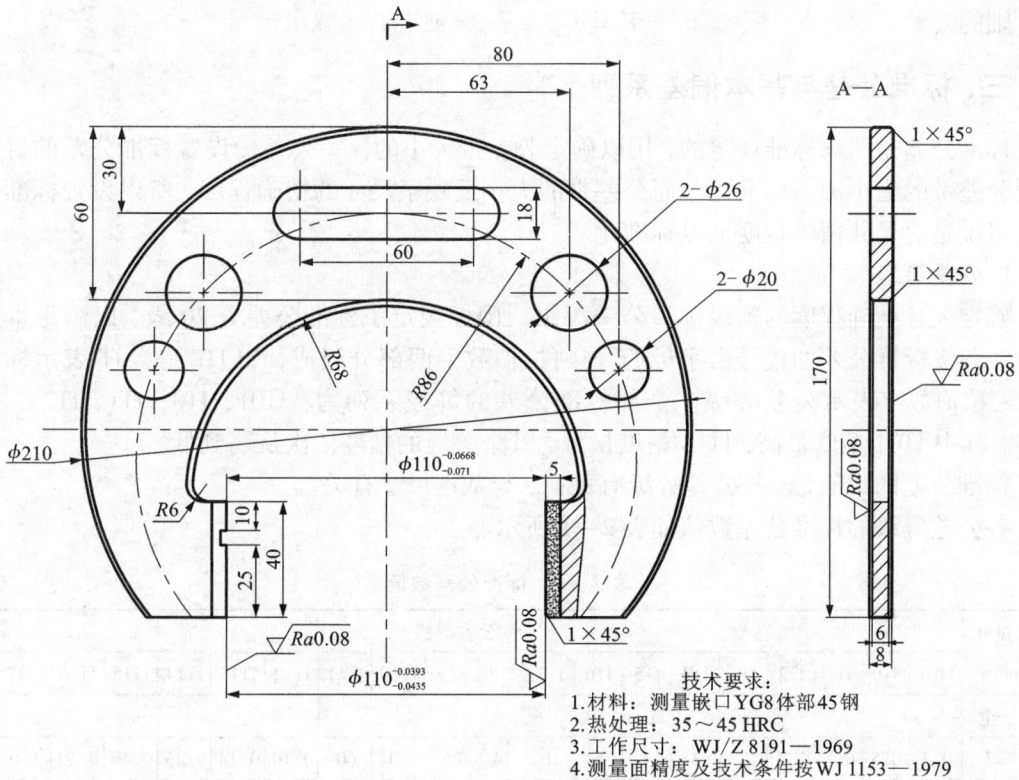

图 2－1　卡规检测

小的称为下极限尺寸(D_{min}, d_{min})。

二、偏差和公差

1.尺寸偏差

尺寸偏差是某一尺寸减去其公称尺寸所得的代数差。孔用 E 表示,轴用 e 表示。

（1）实际偏差

孔的实际偏差

$$E_a = D_a - D$$

轴的实际偏差

$$e_a = d_a - d$$

（2）极限偏差　是极限尺寸减去其公称尺寸所得的代数差,其中上极限尺寸减去其公称尺寸所得的代数差为上极限偏差(ES, es),下极限尺寸减去其公称尺寸所得的代数差为下极限偏差(EI, ei)。

孔的极限偏差

$$ES = D_{max} - D$$

$$EI = D_{min} - D$$

轴的极限偏差

$$es = d_{max} - d$$

$$ei = d_{min} - d$$

2.尺寸公差

允许尺寸的变动量称为尺寸公差,简称公差。

孔的公差

$$T_h = D_{max} - D_{min} = ES - EI$$

轴的公差
$$T_s = d_{max} - d_{min} = es - ei$$

三、标准公差与基本偏差系列

标准公差是国家标准规定的，用以确定公差带大小的任一公差。设置标准公差的目的在于把公差带的大小加以标准化。而公差带的大小反映了尺寸的精确程度，所以设置标准公差也可以说是对尺寸精确程度加以标准化。

1. 公差等级

确定尺寸精确程度的等级称为公差等级。国标规定了标准公差分20级，以满足生产的需要。各级标准公差的代号由字母IT与阿拉伯数字两部分组成，如IT2等。IT表示标准公差，阿拉伯数字表示公差等级。全部标准公差的等级系列为：IT01，IT0，IT1，IT2，……，IT18。其中IT01精度最高，IT18精度最低，其余等级的精度依次从高到低。

标准公差的数值，一与公差等级有关；二与基本尺寸有关。

各公差等级的标准公差数值如表2-1所示。

表2-1　标准公差数值

基本尺寸/mm		公差等级																		
		IT01	IT0	IT1	IT2	IT3	IT4	IT5	IT6	IT7	IT8	IT9	IT10	IT11	IT12	IT13	IT14	IT15	IT16	IT17	IT18
大于	至	μm													mm						
—	3	0.3	0.5	0.8	1.2	2	3	4	6	10	14	25	40	60	0.10	0.14	0.25	0.40	0.60	1.0	1.4
3	6	0.4	0.6	1	1.5	2.5	4	5	8	12	18	30	48	75	0.12	0.18	0.30	0.48	0.75	1.2	1.8
6	10	0.4	0.6	1	1.5	2.5	4	6	9	15	22	36	58	90	0.15	0.22	0.36	0.58	0.60	1.5	2.2
10	18	0.5	0.8	1.2	2	3	5	8	11	18	27	43	70	110	0.18	0.27	0.43	0.70	1.10	1.8	2.7
18	30	0.6	1	1.6	2.5	4	6	9	13	21	33	52	84	130	0.21	0.33	0.52	0.84	1.30	2.1	3.3
30	50	0.6	1	1.5	2.5	4	7	11	16	25	39	62	100	160	0.25	0.39	0.62	1.00	1.60	2.5	3.9
50	80	0.8	1.2	2	3	5	8	13	19	30	46	74	120	190	0.30	0.46	0.74	1.20	1.90	3.0	4.6
80	120	1	1.5	2.5	4	6	10	15	22	35	54	87	140	220	0.35	0.54	0.87	1.40	2.20	3.5	5.4
120	180	1.2	2	3.5	5	8	12	18	25	40	63	100	160	250	0.40	0.63	1.00	1.60	2.50	4.0	6.3
180	250	2	3	4.5	7	10	14	20	29	46	72	115	185	290	0.46	0.72	1.15	1.85	2.90	4.6	7.21
250	315	2.5	4	6	8	12	16	23	32	52	81	130	210	320	0.52	0.81	1.30	2.10	3.20	5.2	8.1
315	400	3	5	7	9	13	18	25	36	57	89	140	230	360	0357	0.89	1.40	2.30	0.60	5.7	8.9
400	500	4	6	8	10	15	20	27	40	83	97	155	250	400	0.63	0.97	1.55	2.50	4.00	6.3	9.7
500	630	4.5	6	9	11	16	22	30	44	70	110	175	280	440	0.70	1.10	1.75	2.8	4.4	7.0	11.0
630	800	5	7	10	13	18	25	35	50	80	125	200	320	500	0.80	1.25	2.00	3.2	5.0	8.0	12.0
800	1000	5.5	8	11	15	21	29	40	56	90	140	230	360	560	0.90	1.40	2.30	3.6	5.6	9.0	14.0
1000	1250	6.5	9	13	18	24	34	46	66	105	165	260	420	660	1.05	1.65	2.60	4.2	6.6	10.5	16.5
1250	1600	8	11	15	21	29	40	54	78	125	195	310	500	780	1.25	1.96	3.10	5.0	7.8	12.5	19.5
1600	2000	9	12	18	25	35	48	65	92	150	230	370	600	920	1.50	2.30	3.70	6.0	9.2	15.0	23.0
2000	2500	11	15	22	30	41	57	77	110	175	280	440	700	1100	1.75	208	4.40	7.0	11.0	17.5	28.0
2500	3150	13	18	26	36	50	69	93	185	210	330	540	860	1350	2.10	3.30	5.40	8.6	13.5	21.0	33.0

2. 基本偏差

（1）基本偏差

基本偏差的代号用拉丁字母表示，大写代表孔的基本偏差，小写代表轴的基本偏差。在 26 个拉丁字母中，除去易与其他代号混淆的 I、L、O、Q、W(i、l、o、q、w)5 个字母外，采用 21 个，再加上用两个字母 CD、EF、FG、ZA、ZB、ZC、JS(cd、ef、fg、za、zb、zc、js)表示的 7 个，共有 28 个代号，即孔和轴各有 28 个基本偏差。如表 2 - 2 所示。

表 2 - 2　孔、轴基本偏差的代号

孔	A	B	C	D	E	F	G	H	J	K	M	N	P	R	S	T	U	V	X	Y	Z			
			CD		EF	FG			JS													ZA	ZB	ZC
轴	a	b	c	d	e	f	g	h	j	k	m	n	p	r	s	t	u	v	x	y	z			
			cd		ef	fg			js													za	zb	zc

各基本偏差所确定公差带位置，见基本偏差系列图 2 - 2。

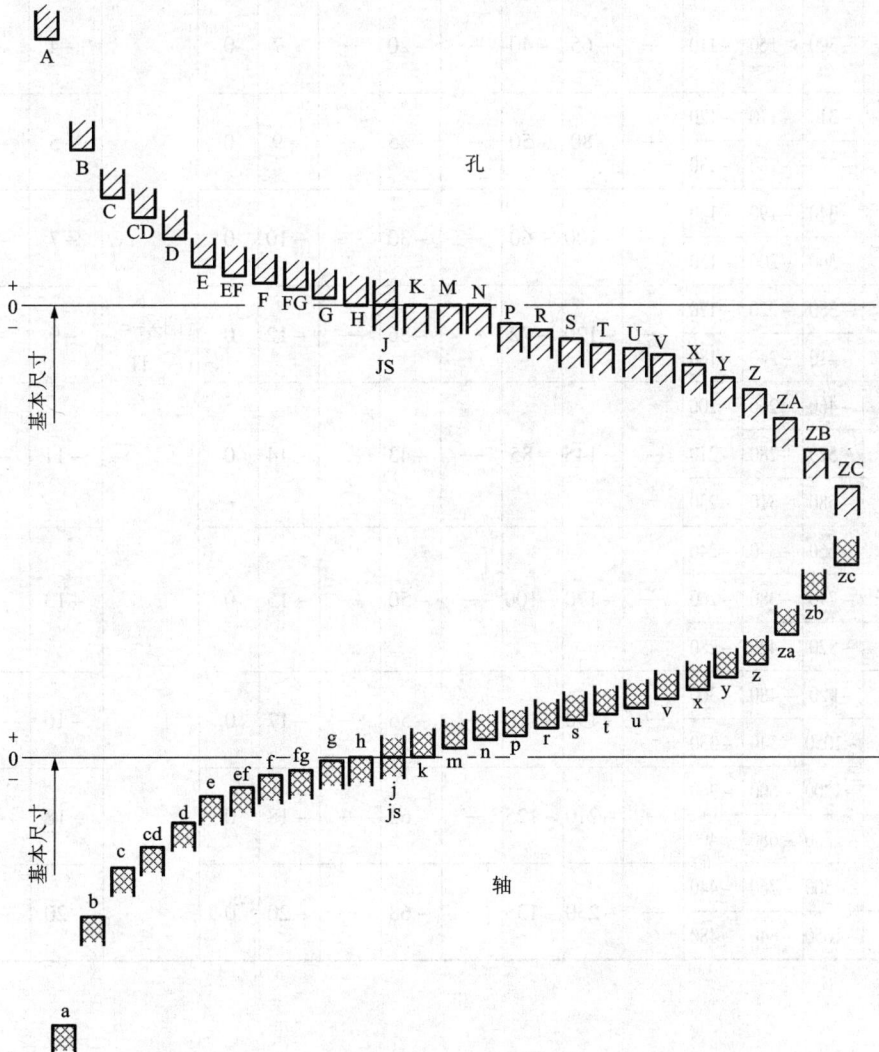

图 2 - 2　基本偏差系列

（2）基本偏差数值

在生产实际中，孔和轴的基本偏差不必用公式计算，直接查表2-3和表2-4即可。

表 2-3　轴的基本偏差数值　　　　　　　　　　　　　　单位：μm

基本偏差	上偏差（es）											js	下偏差（ef）		
	a	b	c	cd	d	e	ef	f	fg	g	h		j		
基本尺寸/mm	公差等级														
大于　　至	所有等级												5.6	7	8
—　　3	−270	−140	−60	−34	−20	−14	−10	−6	−4	−2	0		−2	−4	−6
3　　6	−270	−140	−70	−46	−30	−20	−14	−10	−6	−4	0		−2	−4	—
6　　10	−280	−150	−80	−56	−40	−25	−18	−18	−3	−5	0		−2	−5	
10　　14	−290	−150	−95	—	−50	−30		−16		−6	0		−3	−6	
14　　18	−290	−150	−95	—	−50	−30		−16		−6	0		−3	−6	
18　　24	−300	−160	−110	—	−65	−40	—	−20	—	−7	0		−4	−8	
24　　30	−300	−160	−110	—	−65	−40	—	−20	—	−7	0		−4	−8	
30　　40	−310	−170	−120	—	−80	−50		−25		−9	0	偏差 = ± $\dfrac{IT}{2}$	−5	−10	—
40　　50	−320	−180	−130	—	−80	−50		−25		−9	0		−5	−10	—
50　　65	−340	−190	−140		−100	−60		−30		−10	0		−7	−12	
65　　80	−360	−200	−150		−100	−60		−30		−10	0		−7	−12	
80　　100	−380	−220	−170		−120	−72		−36		−12	0		−9	−15	—
100　　120	−410	−240	−180	—	−120	−72	—	−36	—	−12	0		−9	−15	—
120　　140	−460	−260	−200		−145	−85		−43		−14	0		−11	−18	
140　　160	−520	−280	−210	—	−145	−85		−43		−14	0		−11	−18	
160　　180	−580	−310	−230		−145	−85		−43		−14	0		−11	−18	
180　　200	−660	−340	−240		−170	−100		−50		−15	0		−13	−21	
200　　225	−740	−380	−260	—	−170	−100		−50		−15	0		−13	−21	
225　　250	−820	−420	−280		−170	−100		−50		−15	0		−13	−21	
250　　280	−920	−480	−300		−190	−110		−56		−17	0		−16	−26	
280　　315	−1050	−540	−330		−190	−110		−56		−17	0		−16	−26	
315　　355	−1200	−600	−360		−210	−125		−62		−18	0		−18	−28	
355　　400	−1350	−680	−400	—	−210	−125		−62		−18	0		−18	−28	—
400　　450	−1500	−760	−440		−230	−135		−68		−20	0		−20	−32	
450　　500	−1650	−840	−480	—	−230	−135	—	−68	—	−20	0		−20	−32	—

续表 2 - 3

基本偏差		下偏差 (ef)																
		k		m	n	p	r	s	t	u	v	w	x	y	z	za	zb	zc
基本尺寸/mm		公差等级																
大于	至	4至7	≤3 >7	所有等级														
—	3	0	0	+2	+4	+6	+10	+14	—	+18	—		+20	—	+26	+32	+40	+60
3	6	+1	0	+4	+8	+12	+15	+19	—	+23	—		+28	—	+35	+42	+50	+80
6	10	+1	0	+6	+10	+15	+19	+23	—	+28	—		+34	—	+42	+52	+67	+97
10	14	+1	0	+7	+12	+18	+23	+28	—	+33	—		+40	—	+50	+64	+90	+130
14	18	+1	0	+7	+12	+18	+23	+28	—	+33	—		+45	—	+60	+77	+108	+150
18	24	+2	0	+8	+15	+22	+28	+35	—	+41	+47		+54	+63	+73	+98	+136	+188
24	30	+2	0	+8	+15	+22	+28	+35	+41	+48	+55		+64	+75	+88	+118	+160	+218
30	40	+2	0	+9	+17	+26	+34	+43	+48	+60	+68		+80	+94	+112	+148	+200	+274
40	50	+2	0	+9	+17	+26	+34	+43	+54	+70	+81		+97	+114	+136	+180	+242	+325
50	65	+2	0	+11	+20	+32	+41	+53	+66	+87	+102		+122	+144	+172	+226	+300	+405
65	80	+2	0	+11	+20	+32	+43	+59	+75	+102	+120		+146	+174	+210	+274	+360	+480
80	100	+3	0	+13	+23	+37	+51	+71	+91	+124	+146		+178	+214	+258	+335	+445	+585
100	120	+3	0	+13	+23	+37	+54	+79	+104	+144	+172		+210	+254	+310	+400	+525	+690
120	140	+3	0	+15	+27	+43	+63	+92	+122	+170	+202		+248	+300	+365	+470	+620	+800
140	160	+3	0	+15	+27	+43	+65	+100	+134	+190	+228		+280	+340	+415	+535	+700	+900
160	180	+3	0	+15	+27	+43	+68	+108	+146	+210	+252		+310	+380	+465	+600	+780	+1000
180	200	+4	0	+17	+31	+50	+77	+122	+166	+236	+284		+350	+425	+520	+670	+880	+1150
200	225	+4	0	+17	+31	+50	+80	+130	+180	+258	+310		+385	+470	+575	+740	+960	+1250
225	250	+4	0	+17	+31	+50	+84	+140	+196	+284	+340		+425	+520	+640	+820	+1050	+1350
250	280	+4	0	+20	+34	+56	+94	+158	+218	+315	+385		+475	+580	+710	+920	+1200	+1550
280	315	+4	0	+20	+34	+56	+98	+170	+240	+350	+425		+525	+650	+790	+1000	+1300	+1700
315	355	+4	0	+21	+37	+62	+108	+190	+268	+390	+475		+590	+730	+900	+1150	+1500	+1900
355	400	+4	0	+21	+37	+62	+114	+208	+294	+435	+530		+660	+820	+1000	+1300	+1650	+2100
400	450	+5	0	+23	+40	+68	+126	+232	+330	+490	+595		+740	+920	+1100	+1450	+1850	+2400
450	500	+5	0	+23	+40	+68	+132	+252	+360	+540	+660		+820	+1000	+1250	+1600	+2100	+2600

表 2-4　孔的基本偏差数值　　　　　　　　　　　　　　　　　　　　单位：μm

基本偏差		下偏差（EI）											JS	上偏差（ES）								
		A	B	C	CD	D	E	EF	F	FG	G	H		J			K		M		N	
基本尺寸 /mm		公差等级																				
大于	至	所有等级												6	7	8	≤8	>8	≤8	>8	≤8	>8
—	3	+270	+140	+60	+34	+20	+14	+10	+6	+4	+2	0	$\pm\frac{IT}{2}$	+2	+4	+6	0	0	−2	−2	−4	−4
3	6	+270	+140	+70	+46	+30	+20	+14	+10	+6	+4	0	$\pm\frac{IT}{2}$	+5	+6	+10	−1+Δ	—	−4+Δ	−4	−8+Δ	0
6	10	+280	+150	+80	+56	+40	+25	+18	+13	+8	+5	0	$\pm\frac{IT}{2}$	+5	+8	+12	−1+Δ	—	−6+Δ	−6	−10+Δ	0
10	14	+290	+150	+95	—	+50	+32	—	+16	—	+6	0	$\pm\frac{IT}{2}$	+6	+10	+15	−1+Δ	—	−7+Δ	−7	−12+Δ	0
14	18	+290	+150	+95	—	+50	+32	—	+16	—	+6	0	$\pm\frac{IT}{2}$	+6	+10	+15	−1+Δ	—	−7+Δ	−7	−12+Δ	0
18	24	+300	+160	+110	—	+65	+40	—	+20	—	+7	0	$\pm\frac{IT}{2}$	+8	+12	+20	−2+Δ	—	−8+Δ	−8	−15+Δ	0
24	30	+300	+160	+110	—	+65	+40	—	+20	—	+7	0	$\pm\frac{IT}{2}$	+8	+12	+20	−2+Δ	—	−8+Δ	−8	−15+Δ	0
30	40	+310	+170	+120	—	+80	+50	—	+25	—	+9	0	$\pm\frac{IT}{2}$	+10	+14	+24	−2+Δ	—	−9+Δ	−9	−17+Δ	0
40	50	+320	+180	+130	—	+80	+50	—	+25	—	+9	0	$\pm\frac{IT}{2}$	+10	+14	+24	−2+Δ	—	−9+Δ	−9	−17+Δ	0
50	65	+340	+190	+140	—	+100	+60	—	+30	—	+10	0	$\pm\frac{IT}{2}$	+13	+18	+28	−2+Δ	—	−11+Δ	−11	−20+Δ	0
65	80	+360	+200	+150	—	+100	+60	—	+30	—	+10	0	$\pm\frac{IT}{2}$	+13	+18	+28	−2+Δ	—	−11+Δ	−11	−20+Δ	0
80	100	+380	+220	+170	—	+120	+72	—	+36	—	+12	0	$\pm\frac{IT}{2}$	+16	+22	+34	−3+Δ	—	−13+Δ	−13	−23+Δ	0
100	120	+410	+240	+180	—	+120	+72	—	+36	—	+12	0	$\pm\frac{IT}{2}$	+16	+22	+34	−3+Δ	—	−13+Δ	−13	−23+Δ	0
120	140	+460	+260	+200	—	+145	+85	—	+43	—	+14	0	$\pm\frac{IT}{2}$	+18	+26	+41	−3+Δ	—	−15+Δ	−15	−27+Δ	0
140	160	+520	+280	+210	—	+145	+85	—	+43	—	+14	0	$\pm\frac{IT}{2}$	+18	+26	+41	−3+Δ	—	−15+Δ	−15	−27+Δ	0
160	180	+580	+310	+230	—	+145	+85	—	+43	—	+14	0	$\pm\frac{IT}{2}$	+18	+26	+41	−3+Δ	—	−15+Δ	−15	−27+Δ	0
180	200	+660	+340	+240	—	+170	+100	—	+50	—	+15	0	$\pm\frac{IT}{2}$	+22	+30	+47	−4+Δ	—	−17+Δ	−17	−31+Δ	0
200	225	+740	+380	+260	—	+170	+100	—	+50	—	+15	0	$\pm\frac{IT}{2}$	+22	+30	+47	−4+Δ	—	−17+Δ	−17	−31+Δ	0
225	250	+820	+420	+280	—	+170	+100	—	+50	—	+15	0	$\pm\frac{IT}{2}$	+22	+30	+47	−4+Δ	—	−17+Δ	−17	−31+Δ	0
250	280	+920	+480	+300	—	+190	+110	—	+56	—	+17	0	$\pm\frac{IT}{2}$	+25	+36	+55	−4+Δ	—	−20+Δ	−20	−34+Δ	0
280	315	+1050	+540	+330	—	+190	+110	—	+56	—	+17	0	$\pm\frac{IT}{2}$	+25	+36	+55	−4+Δ	—	−20+Δ	−20	−34+Δ	0
315	355	+1200	+600	+360	—	+210	+125	—	+62	—	+18	0	$\pm\frac{IT}{2}$	+29	+39	+60	−4+Δ	—	−21+Δ	−21	−37+Δ	0
355	400	+1350	+680	+400	—	+210	+125	—	+62	—	+18	0	$\pm\frac{IT}{2}$	+29	+39	+60	−4+Δ	—	−21+Δ	−21	−37+Δ	0
400	450	+1500	+760	+440	—	+230	+135	—	+68	—	+20	0	$\pm\frac{IT}{2}$	+33	+43	+66	−5+Δ	—	−23+Δ	−23	−40+Δ	0
450	500	+1650	+840	+480	—	+230	+135	—	+68	—	+20	0	$\pm\frac{IT}{2}$	+33	+43	+66	−5+Δ	—	−23+Δ	−23	−40+Δ	0

22

续表 2-4

基本偏差	P至ZC	上偏差(ES)												Δ					
		P	R	S	T	U	V	X	Y	Z	ZA	ZB	ZC						
基本尺寸/mm		公差等级																	
大于	至	≤7	>7											3	4	5	6	7	8
—	3		-6	-10	-14	—	-18	—	-20	—	-26	-32	-40	-60	0					
3	6		-12	-15	-19	—	-23	—	-28	—	-35	-42	-50	-80	1	1.5	1	3	4	6
6	10		-15	-19	-23	—	-28	—	-34	—	-42	-52	-67	-97	1	1.5	2	3	6	7
10	14		-18	-23	-28	—	-33	—	-40	—	-50	-64	-90	130	1	2	3	3	7	9
14	18		-18	-23	-28	—	-33	-39	-45	—	-60	-77	-108	-150						
18	24	在大于7级的相应数值上增加一个Δ值	-22	-28	-35	—	-41	-47	-54	-63	-73	-98	-136	-188	1.5	2	3	4	8	12
24	30		-22	-28	-35	-41	-48	-55	-64	-75	-88	-118	-160	-218						
30	40		-26	-34	-43	-48	-60	-68	-80	-94	-122	-148	-200	-274	1.5	3	4	5	9	14
40	50		-26	-34	-43	-54	-70	-81	-97	-114	-136	-180	-242	-325						
50	65		-32	-41	-53	-66	-87	-102	-122	-144	-172	-226	-300	-405	2	3	5	6	11	16
65	80		-32	-43	-59	-75	-102	-120	-146	-174	-210	-274	-360	-480						
80	100		-37	-51	-71	-91	-124	-146	-178	-214	-258	-335	-445	-585	2	4	5	7	13	19
100	120		-37	-54	-79	-104	-144	-172	-210	-254	-310	-400	-525	-690						
120	140		-43	-63	-92	-122	-170	-202	-248	-300	-365	-470	-620	-800	3	4	6	7	15	23
140	160		-43	-65	-100	-134	-190	-228	-280	-340	-415	-535	-700	-900						
160	180		-43	-68	-108	-146	-210	-252	-310	-380	-465	-600	-780	-1000						
180	200		-50	-77	-122	-166	-236	-284	-350	-425	-520	-670	-880	-1150	3	4	6	9	17	26
200	225		-50	-80	-130	-180	-258	-310	-385	-470	-575	-740	-960	-1250						
225	250		-50	-84	-140	-196	-284	-340	-425	-520	-640	-820	-1050	-1350						
250	280		-56	-94	-158	-218	-315	-385	-475	-580	-710	-920	-1200	-1550	4	4	7	9	20	29
280	315		-56	-98	-170	-240	-350	-425	-525	-650	-790	-1000	-1300	-1700						
315	355		-62	-108	-190	-268	-390	-475	-590	-730	-900	-1150	-1500	-1900	4	5	7	11	21	32
355	400		-62	-114	-208	-294	-435	-530	-660	-820	-1000	-1300	-1650	-2100						
400	450		-68	-126	-232	-330	-490	-595	-740	-920	-1100	-1450	-1850	-2400	5	5	7	13	23	34
450	500		-68	-132	-252	-360	-540	-660	-820	-1000	-1250	-1600	-2100	-2600						

四、测量工具——游标卡尺

1. 游标卡尺的结构

游标卡尺是一种常用的量具，具有结构简单、使用方便、精度中等和测量的尺寸范围大等特点，可以用它来测量零件的外径、内径、长度、宽度、厚度、深度和孔距等，应用范围很广。测量范围为 0~125 mm 的游标卡尺，制成带有刀口形的上下量爪和带有深度尺的形式，如图 2-3 所示。

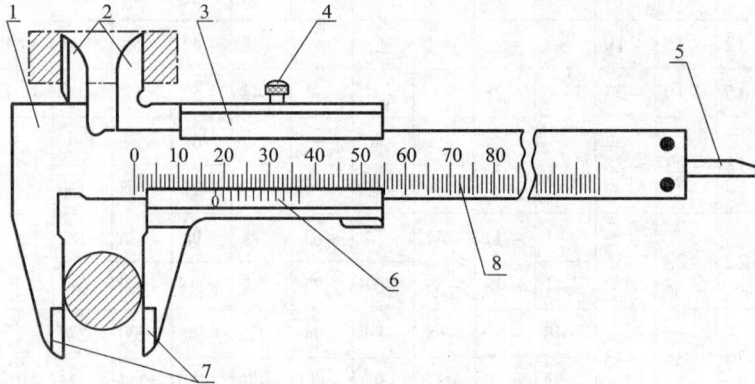

图 2-3　游标卡尺的结构

1—尺身；2—上量爪；3—尺框；4—紧固螺钉；5—深度尺；6—游标；7—下量爪；8—主尺

2. 游标卡尺的读数原理和读数方法

游标卡尺的读数机构，是由主尺和游标(如图 2-3 中的 6)两部分组成。当活动量爪与固定量爪贴合时，游标上的"0"刻线(简称游标零线)对准主尺上的"0"刻线，此时量爪间的距离为"0"，如图 2-4 所示。当尺框向右移动到某一位置时，固定量爪与活动量爪之间的距离，就是零件的测量尺寸。此时零件尺寸的整数部分，可在游标零线左边的主尺刻线上读出来，而比 1 mm 小的小数部分，可借助游标读数机构来读出。

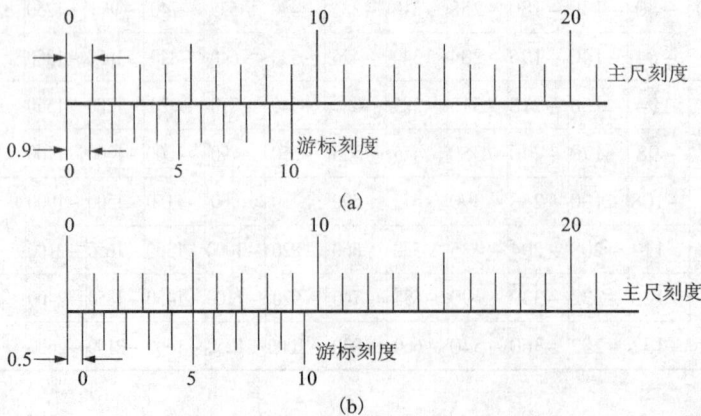

图 2-4　游标卡尺的读数原理

3. 游标卡尺的使用

测量时，要先看清楚尺框上的分度值标记，以免读错小数值产生粗大误差。应使量爪轻轻接触零件的被测表面，保持合适的测量力，量爪位置要摆正，不能歪斜。如图 2 - 5 所示。

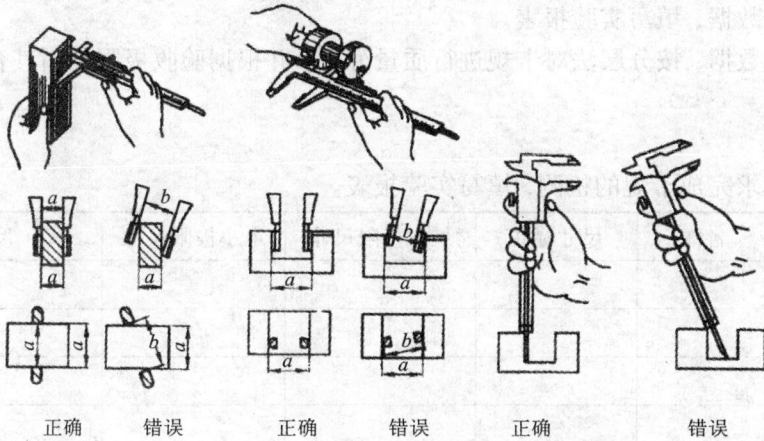

图 2 - 5　游标卡尺的使用

五、采用分层法分析产品质量

1. 分层法的含义

分层法也称分类法或分组法，是把收集到的质量数据按照不同的目的进行分类整理，目的是使数据反映的质量特征明显地表现出来，以便于找出问题的原因，及时采取有效措施。分层法是分析影响质量因素的一种最基本的方法，它也是其他管理方法应用的基础。

2. 分层方法

分层的基本要求是，原则上应使同一层内的数据波动尽可能小，而不同层之间的差别尽可能大。因此，分层方法主要是选择合适的分层标志。

(1)按操作人员分：如按不同性别、年龄、技术水平分层。

(2)按设备分：如按设备的不同型号、新旧程度、不同生产线、不同工装夹具等分层。

(3)按原材料分：如按产地、成分、规格、批号、到货日期等分层。

(4)按加工方法分：按操作条件、工艺要求、生产速度、操作环境等分层。

(5)按测量情况分：按测量者、测量位置、测量仪器、取样方法和条件等分层。

(6)按时间分层。

(7)按缺陷项目分层。

(8)按问题来源分：如按工厂、车间、班组等分层。

3. 分层法的应用步骤

(1)明确分析目的；

(2)收集相关质量数据；

(3)将已收集的数据按分层标志分别进行统计整理；

(4)根据整理结果确定问题来源；

（5）进一步分析问题原因，并制定有效质量管理措施。

【任务实施】

1. 用游标卡尺等量具测量图 2 - 1 所示卡规各部分尺寸精度。
2. 记录测量数据，填写实验报表。
3. 收集测量数据，按分层法对卡规进行质量分析，并根据验收极限判断其合格与否。

【任务考核】

根据任务要求完成卡规的检测，填写实验报表。

	名称	尺寸标注	最大极限尺寸	最小极限尺寸	尺寸公差
被测零件					

	名称	测量范围	示值范围	分度值
计量器具				
	·			

测量简图						

测量数据		实际尺寸				
		游标卡尺测量			千分尺测量	
测量截面						
测量方向	A - A					
	B - B					
合格性判断						
实训心得						

班级	姓名	学号	审核老师	成绩	日期	

【思考与拓展】

1. 了解 GB/T 1801—2009 中《极限与配合》的相关规定。
2. 列举泵送事业部需检测线性数据的零件。
3. 试分析卡规尺寸精度不合格的原因，并提出解决措施。

项目三
轴类零件尺寸的检测

任务 支轴的检测

【知识目标】

➢ 看懂支轴零件图和技术要求；
➢ 掌握螺旋测微量具的使用方法；
➢ 学会采用质量统计调查表法分析质量缺陷。

【能力目标】

➢ 具备螺旋测微量具的识读、使用能力；
➢ 掌握轴类尺寸的测量方法和步骤。

【任务描述】

了解支轴的材料、功用，掌握支轴检测的方法、一般步骤，完成图 3 – 1 支轴的检测。

【知识拓展】

一、轴径及其误差的常见检测方法

1. 单件小批生产

在单件小批生产中，中低精度轴径的实际尺寸通常用卡尺、千分尺、专用量表等普通计量器具进行检测。

2. **大批量生产**

目前在大批量生产中，多用光滑极限量规来综合判断轴的实际尺寸和形状误差是否合格。

3. **高精度的轴径**

在精密加工中，高精度的轴径常用机械式测微仪、电动式测微仪或光学仪器进行比较测量，用立式光学计测量轴径是最常用的测量方法。

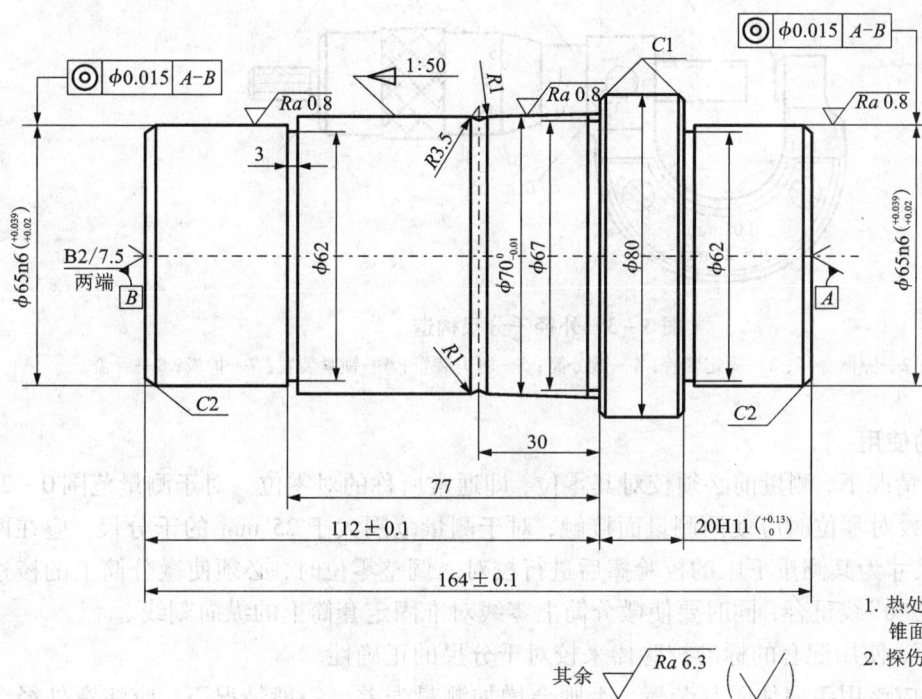

图 3-1　支轴检测

二、外径千分尺

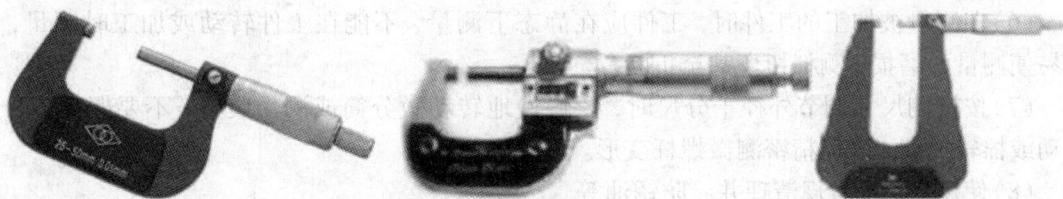

图 3-2　外径千分尺

1. 千分尺的构造

外径千分尺简称千分尺，如图 3-2 所示，是利用螺旋副原理对弧形尺架上两测量面间分隔的距离进行读数的通用长度测量工具。小型外径千分尺的构造如图 3-3 所示。

外径千分尺的测量范围有 0～25 mm，25～50 mm，50～75 mm，75～100 mm，100～125 mm，125～150 mm，150～175 mm，175～200 mm，200～225 mm，225～250 mm，250～275 mm，275～300 mm，300～325 mm，325～350 mm，350～375 mm，375～400 mm，400～425 mm，425～450 mm，450～475 mm，475～500 mm，500～600 mm，600～700 mm，700～800 mm，800～900 mm，900～1000 mm。测量范围等于或大于 500 mm 的称为大型外径千分尺。测量范围大于 25 mm 的外径千分尺应附有校对量杆。

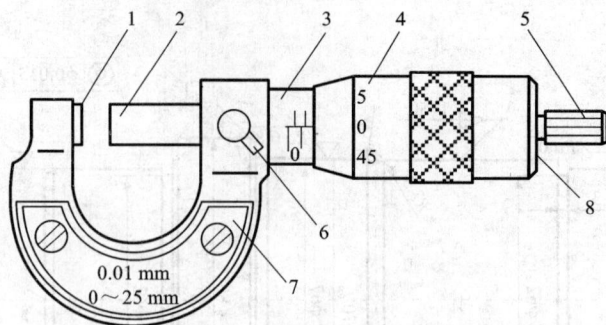

图 3 - 3　外径千分尺构造

1—测砧；2—测微螺杆；3—固定套管；4—微分筒；5—测力装置；6—锁紧装置；7—护板；8—后盖

2. 千分尺的使用

（1）在正常情况下，测量前必须校对其零位，即通常所称的对零位。对于测量范围 0 ~ 25 mm 的千分尺，校对零位时应使两测量面接触；对于测量范围大于 25 mm 的千分尺，应在两测量面间安放尺寸为其测量下限的校验棒后进行校对。调整零位时，必须使微分筒上的棱边与固定套管上的"0"线重合，同时要使微分筒上零线对准固定套筒上的纵向刻线。

一般情况下，使用配套的标准校验棒来校对千分尺的正确性。

（2）使用时应该用手握住隔热装置，否则会增加测量误差。一般情况下，应注意外径千分尺和被测工件具有相同的温度。

（3）旋动微分筒（快进机构），当千分尺两测量面将与工件接触时，要使用尾部测力装置（棘轮），一般听到棘轮响 3 或 4 下后读数。直接转动微分筒会使接触松紧不同造成误差。

（4）千分尺测量轴的中心线要与工作被测长度方向相一致，不要歪斜。

（5）千分尺测量面与被测工件相接触时，要考虑工件表面几何形状。

（6）在测量被加工的工件时，工件应在静态下测量，不能在工件转动或加工时测量，否则易使测量面磨损，测杆扭弯甚至折断。

（7）按被测尺寸调节外径千分尺时，要慢慢地转动微分筒或测力装置，不要握住微分筒挥动或摇转尺架，以免精密测微螺杆变形。

（8）使用后，按常规清理并涂防锈油等。

3. 千分尺的读数原理和方法

（1）千分尺的读数原理：千分尺是依据螺旋放大原理制成的，其螺杆螺距是 0.5 mm，微分筒上有 50 个刻度，因此，旋转每个小分度，相当于测微螺杆前进或后退 0.5/50 = 0.01 mm。可见，微分筒上每个小分度表示 0.01 mm，所以，千分尺可准确到 0.01 mm。

（2）千分尺的读数方法：先读直筒数值，再读微分筒数值。如图 3 - 4 所示。

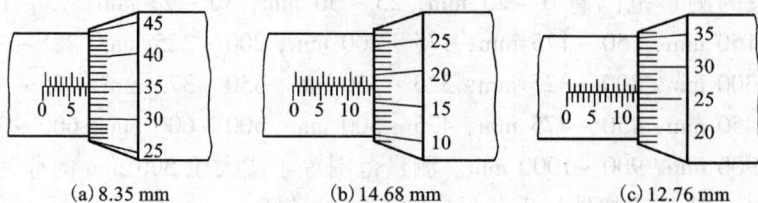

（a）8.35 mm　　　　（b）14.68 mm　　　　（c）12.76 mm

图 3 - 4　千分尺读数举例

30

三、采用调查表法分析产品质量

1. 调查表法的含义

调查表是用于收集和记录数据的一种表格形式，它便于按统一的方式收集数据并进行统计计算和分析，如表 3 - 1 所示。

表 3 - 1　调查表举例

工程分布调查用调查表

品名：AH 零件内径尺寸　　　制造单位：生产 3 科　　　日期：6 月 10 日
规格：±0.05　　　　　　　制定者：×××

科长	科长	科长

No	尺寸	频数调查																计
		5	10	15	20	25	30	35	40	45	50	55	60	65	70	75	80	
1	-0.07																	
2	-0.06																	
3	-0.05														规格			
4	-0.04	正																4
5	-0.03	正	丁															7
6	-0.02	正	正	正														15
7	-0.01	正	正	正	正	正	正	正	丁									37
8	±0	正	正	正	正	正	正	正	正	正								45
9	+0.01	正	正	正	正	正	正	正	正	正								49
10	+0.02	正	正	正	正	正	正	一										31
11	+0.03	正	正	一														11
12	+0.04	一																1
13	+0.05														规格			
14	+0.06																	
15	+0.07																	
记事	总生产数 14379 个																合计	200

2. 调查表的应用步骤

(1)明确调查目的。

(2)确定为实现目的所需要的数据。

(3)确定调查方式及执行人。

(4)设计调查表。

(5)在小范围内试用。

（6）评审并修订调查表。

（7）实施调查。

（8）调查结果分析。

（9）原因分析。

（10）采取纠正和预防措施。

（11）写出调查报告或调查分析报告。

3. 调查表的应用范围

调查表用于系统地收集数据，并进行必要的统计计算或分析，以获得对事实的明确认识。调查表既适用于收集数字数据，又适用于收集非数字数据。

【任务实施】

1. 用千分尺等量具测量图 3 - 1 所示支轴各部分尺寸精度。

2. 记录测量数据，填写实验报表。

3. 收集测量数据，按调查表法对支轴进行质量分析，并根据分析结果撰写调查报告。

【任务考核】

根据任务要求完成支轴的检测，并填写完成实验报表和调查报告。

	名称	尺寸标注	最大极限尺寸	最小极限尺寸	尺寸公差
被测零件					

	名称	测量范围	示值范围	分度值
计量器具				

测量简图	

32

续上表

测量数据		实际尺寸					
		游标卡尺测量			千分尺测量		
测量截面							
测量方向	A－A						
	B－B						
合格性判断							
实训心得							

班级	姓名	学号	审核老师	成绩	日期	

质量调查报告

日期	年　月　日—　日

调查目的：

支轴质量调查表：

调查结果分析：

改进措施：

【思考与拓展】

1.了解极限量规相关知识。

2.列举泵送事业部需检测外径数据的零件。

3.试分析支轴尺寸精度不合格的原因，并提出解决措施。

项目四
套类零件尺寸的检测

【知识目标】

➢ 掌握套类零件图纸的技术要求;
➢ 熟练使用套类零件的检测量具,掌握其检测方法,如内径千分尺等;
➢ 了解套类零件质量分析方法。

【能力目标】

➢ 具备识图能力;
➢ 具备百分表、内径千分尺等量具的使用能力。

【任务描述】

了解导向轴套的材料、功用,掌握套类检测的方法、一般步骤,完成图4-1导向轴套的检测。

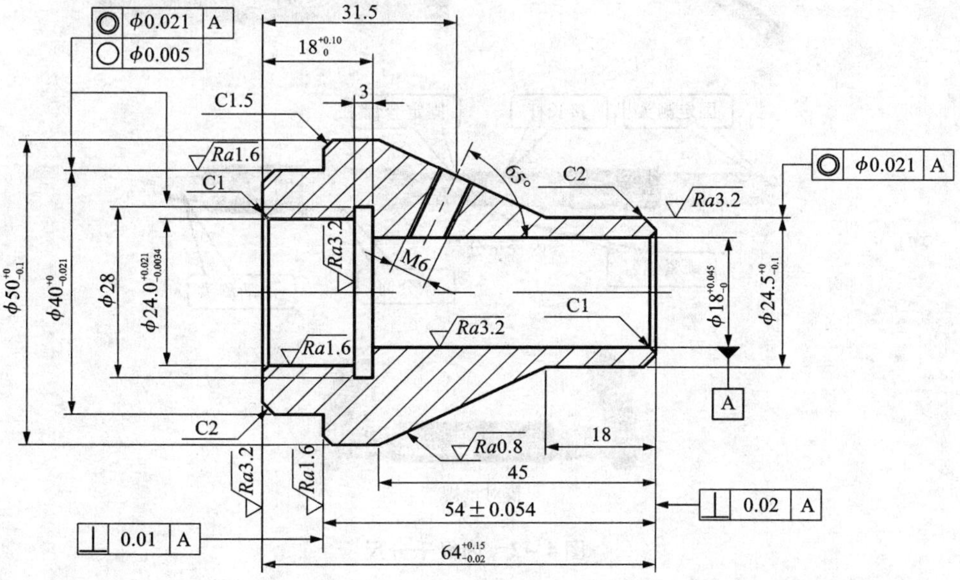

图4-1　导向轴套检测

35

套筒类机械零件的用途极为广泛，是机械加工制造及检测中常见的一种结构类型。

主要检测项目：

(1)内孔尺寸；

(2)内孔圆度误差；

(3)圆柱度误差；

(4)内、外圆同轴度误差。

识读套类零件技术要求：

(1)内、外圆柱面的尺寸精度；

(2)内、外圆柱面的几何形状精度；

(3)内、外圆柱面的位置精度；

(4)内、外圆柱面的表面粗糙度。

【知识拓展】

一、量具介绍

1. 内径千分尺

内径千分尺如图 4 – 2 所示。

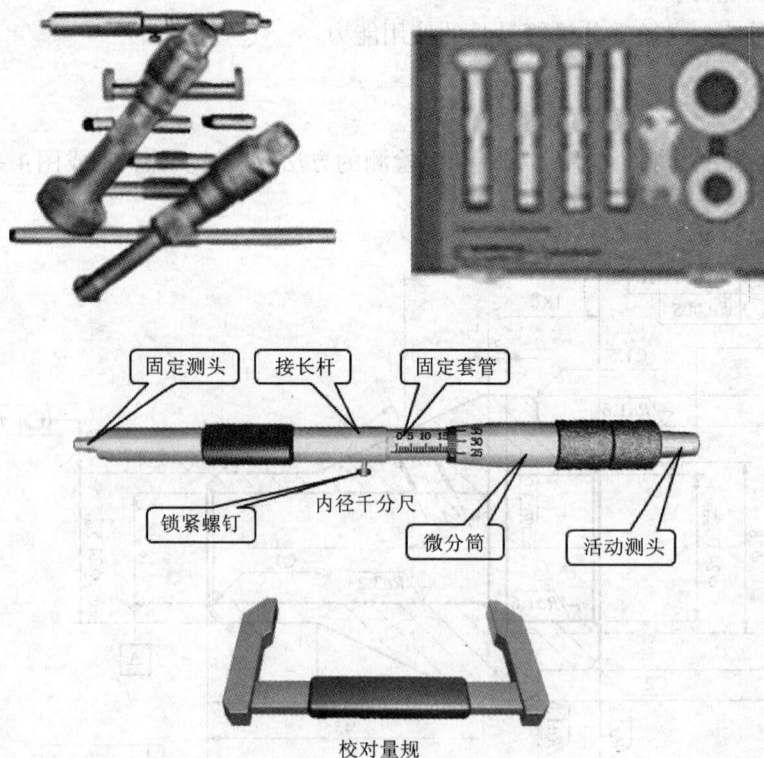

图 4 – 2　内径千分尺

内径千分尺的使用：

（1）根据零件检测尺寸范围，选择内径千分尺测量规格（50 mm 以上）。

（2）校对内径千分尺"0"位。

（3）调整内径千分尺。

将尺子置于被测零件内部测量表面，在径向方向上找出最大尺寸，而在轴向位置上找出最小尺寸，为最终测量尺寸。

操作如图 4 - 3 所示。

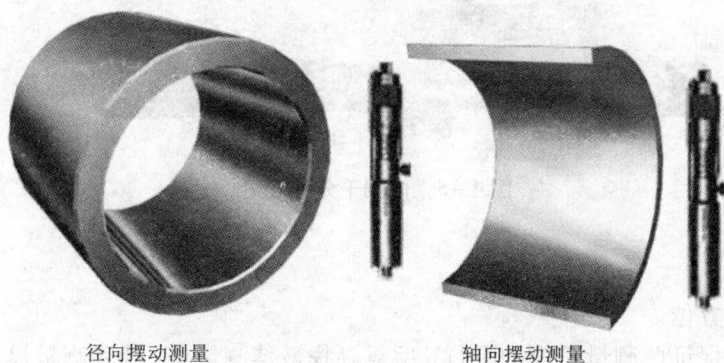

径向摆动测量　　　　　　　　　　轴向摆动测量

图 4 - 3　内径千分尺操作

2. 内测千分尺

内测千分尺如图 4 - 4 所示。

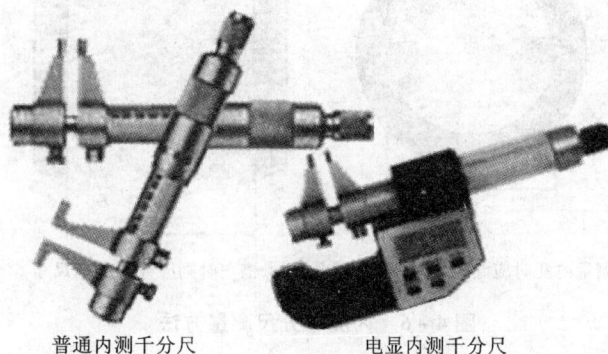

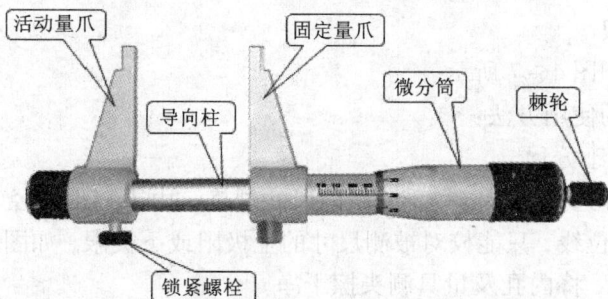

普通内测千分尺　　　　　　　电显内测千分尺

活动量爪　　　　固定量爪　　　微分筒　　　棘轮　　导向柱　　　　　　　　　锁紧螺栓

图 4 - 4　内测千分尺

内测千分尺主要用于内孔直径的测量。其测量长度只局限于孔口部位。如测头为长爪型，可测量内孔槽壁处的直径尺寸。

内测千分尺的工作原理及读数方法与外测千分尺、深度千分尺等基本相同。

内测千分尺使用方法如图4-5所示。

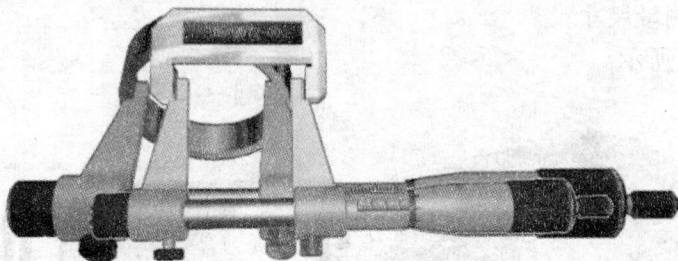

图4-5　内测千分尺使用

方法：

（1）确定测量方位。

（2）测量中应保证两测量爪面的平行，反复寻找最佳测量值（最大测量尺寸），如图4-6所示。

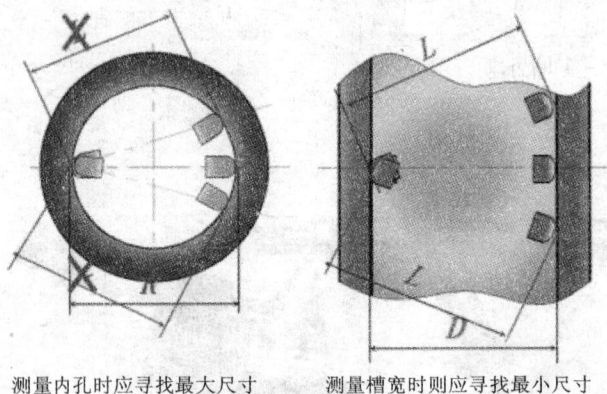

测量内孔时应寻找最大尺寸　　　　测量槽宽时则寻找最小尺寸

图4-6　内测千分尺测量方法

3. 三爪内径千分尺

三爪内径千分尺如图4-7所示。

三爪内径千分尺的使用方法：

（1）校对三爪内径千分尺。

根据检测零件尺寸选择三爪内径千分尺的尺寸规格。由于三爪内径千分尺测量范围不是零，所以该量具无"0"位线，只能校对被测尺寸的上极限或下极限，如图4-8所示。

（2）选择标准环规，将内孔及量具测头擦干净。

（3）将量具测头调至小于环规尺寸，然后将测头置于环规内孔，再通过微分筒和棘轮调

(a)机械式三爪内径千分尺　　(b)电显三爪内径千分尺　　(c)三爪内径千分尺结构图

图4-7　三爪内径千分尺

图4-8　三爪内径千分尺校对

节至所需极限尺寸。

(4)将校对后的三爪内径千分尺置于被测工件内孔，与校对相同的方法对内孔进行实际测量，最终得出实际测量数据。

注意事项：在调整微分筒尺寸时应注意上、下摆动尺身，找出测量的最小尺寸以确保量具轴线与被测零件轴线垂直。

4. 内孔量规

对于批量检测中，为适应生产效率和生产成本要求，通常检测内孔时均采用专用量具（塞规或量规），如图4-9所示。

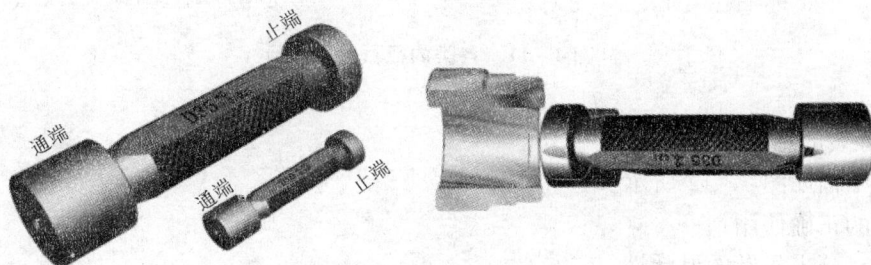

图4-9　塞规

该量具是按零件的上、下极限所特制的专用量具，与前面所讲的卡规一样，分为通端和止端，使用中通端必过整个内孔，而止端则不允许进入检测内孔。

塞规分类如图4-10所示。

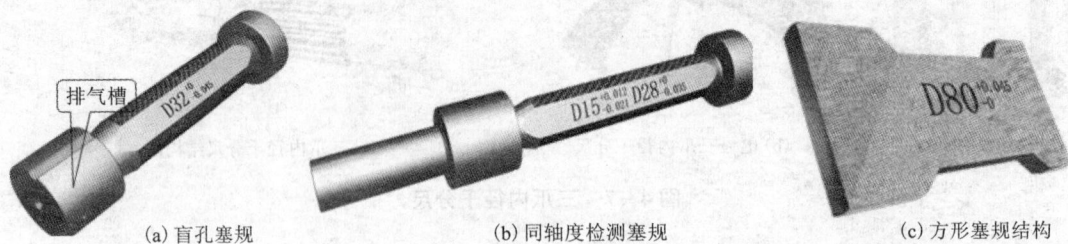

(a) 盲孔塞规   (b) 同轴度检测塞规   (c) 方形塞规结构

图4-10 塞规分类

5. 内径百分表

内径百分表种类如图4-11所示。

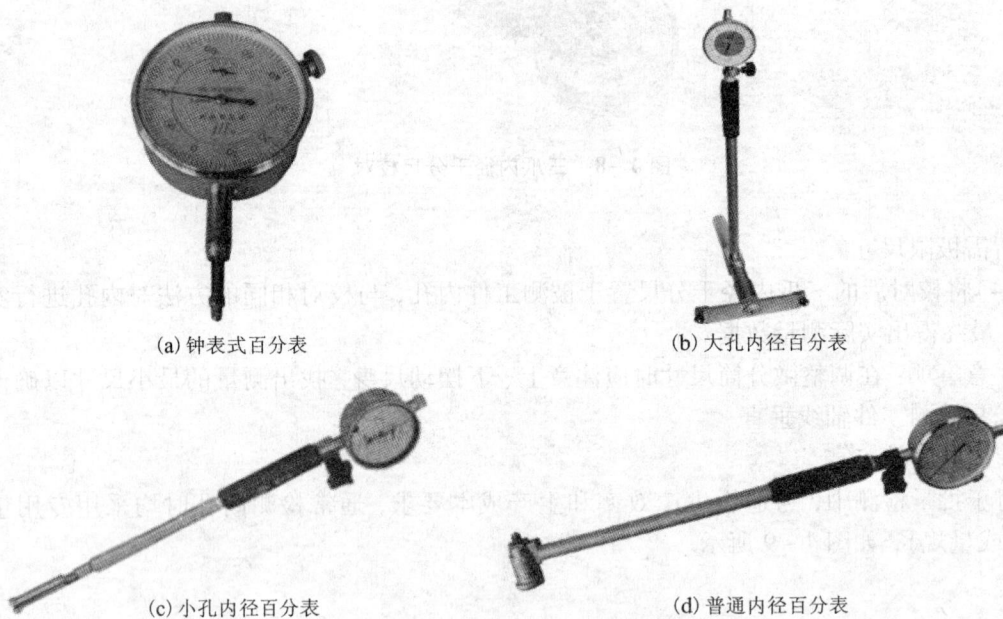

(a) 钟表式百分表   (b) 大孔内径百分表

(c) 小孔内径百分表   (d) 普通内径百分表

图4-11 各类内径百分表

（1）百分表的结构及读数原理

百分表结构如图4-12所示。

百分表的正确使用：

①检查百分表指针的灵活性。

②百分表在自由状态下，拨动测杆作上下移动，查看指针转动是否灵活（1~3周）。

③在查看指针转动灵活性的同时，须注意指针转动结束时（测杆向下运动至终点位置），

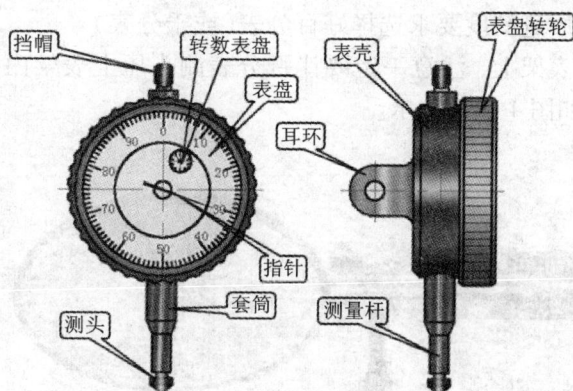

图 4 – 12　百分表结构

指针能否回到起点位置。

④注意指针转动的方向(顺时针与逆时针);注意百分表的测量范围(指测杆的最大直线移动尺寸)。

⑤为便于计数,建议最好将被测尺寸的某一极限尺寸通过调整表盘,使指针对准"0"位,然后再对工件进行测量,根据指针所指表盘的位置与"0"的差值,确定被测尺寸的实际值。

百分表的读数原理:

百分表的表盘圆周边缘均分有 100 条等分刻线。当测量杆移动 1 mm 时,其表盘指针则转动一周,此移动量为百分表的一个移动单位。按表盘刻线数进行分配,则每小格刻线测量距离为 0.01 mm。

(2)内径百分表

内径百分表是在通用百分表前端安装一专用测量机构(测量杆),通过百分表的读数值监视测量内孔直径,如图 4 – 13 所示。

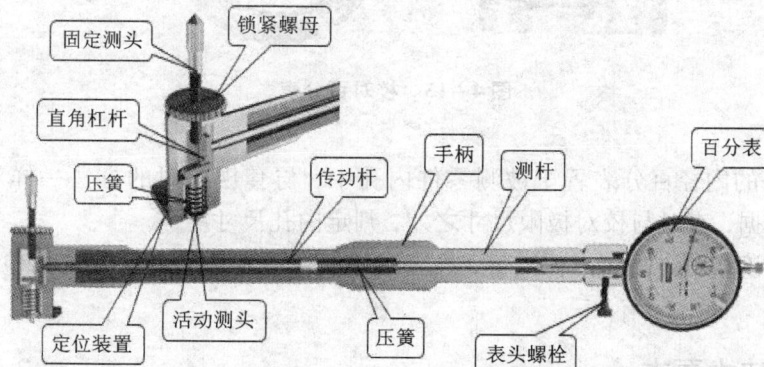

图 4 – 13　内径百分表结构

内径百分表安装的操作方法：

①根据被测零件的质量精度要求选择好百分表(或千分表)。

②将百分表安装于表架上，注意一定要让百分表测头压上表架内的传动杆，(指针转动1～2转)锁紧百分表，如图4－14所示。

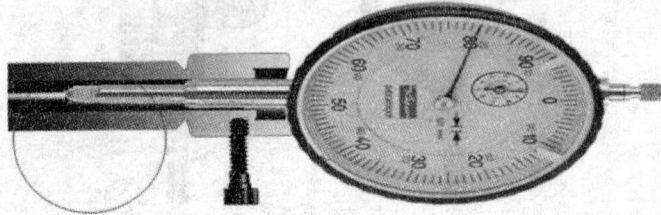

图4－14 安装百分表

③用手轻轻压活动测头，查看百分表指针是不是有所反应。

④根据测量尺寸范围安装固定测头。

⑤用标准套规或千分尺对内径百分表进行校对测量尺寸，(极限尺寸)锁紧固定测头，将表盘与指针调到"0"位，如图4－15所示。

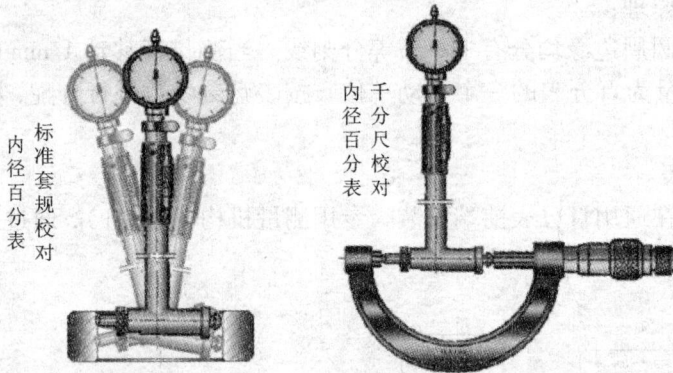

图4－15 校对百分表

⑥将校对好的内径百分表置于被测零件内孔中，与套规校对的方法一样对内孔进行测量，读出被测数据，查对与校对极限尺寸之差，判定内孔尺寸。

注意：由于该检测方法属点位测量，故应注意在径向和轴向方向的选位检测，最后综合评定内孔尺寸。

二、主要技术要求

1.尺寸精度

内孔的尺寸精度主要是控制孔径大小的上、下极限尺寸精度。

常用内孔尺寸精度可选择国家标准：IT7～IT5

如图 4 – 1 中 $\phi 18^{+0.045}_{-0}$，$\phi 24^{+0.021}_{+0.0034}$。

2. 形状精度

套类零件的形状精度主要是控制内孔的圆度及圆柱度精度。

常用的选择原则为：内孔公差值的 1/3 ~ 1/2

如图 4 – 1 中

$\phi 24^{+0.021}_{+0.0034}$，对基准轴线 A 的圆柱度为 $\phi 0.021$，其圆度为 $\phi 0.005$。

$\phi 40^{+0}_{-0.021}$，对基准轴线 A 的圆柱度为 $\phi 0.021$，其圆度为 $\phi 0.005$。

3. 相互位置精度

对于套类零件在位置上的精度控制主要有以下几个方面：

（1）内孔与外圆柱之间的同轴位置要求。

（2）以零件外圆柱表面为基准，经装配后再精加工内孔时的位置要求。

（3）内、外圆柱轴线与端面垂直度要求。

4. 表面粗糙度

对于套类零件表面粗糙度需根据零件的实际所需给出要求。

一般装配：外圆表面 $Ra6.3 \sim Ra1.6$；内孔表面 $Ra3.2 \sim Ra0.8$。

精密配合：外圆表面 $Ra1.6 \sim Ra0.4$；内孔表面 $Ra0.4 \sim Ra0.04$。

三、采用排列图分析产品质量

1. 排列图的基本概念

质量问题是以质量损失（不合格项目和成本）的形式表现出来的，大多数损失往往是由几种不合格引起的，而这几种不合格又是少数原因引起的。因此，一旦明确了这些"关键的少数"，就可消除这些原因，避免由此所引起的大量损失。用排列图法，可以有效地实现这一目的。

排列图是为了对发生频次从最高到最低的项目进行排列而采用的简单图示技术。排列图是建立在巴雷特原理的基础上，主要的影响往往是由少数项目导致的，通过区分最重要的与较次要的项目，可以用最少的努力获取最佳的改进效果。

排列图按下降的顺序显示出每个项目（例如不合格项目）在整个结果中的相应作用。相应的作用可以包括发生次数、有关每个项目的成本或影响结果的其他指标。用矩形的高度表示每个项目相应的作用大小，用累计频数表示各项目的累计作用。

2. 制作排列图的步骤

确定所要调查的问题以及如何收集数据。

（1）选题，确定所要调查的问题是哪一类问题，如不合格项目、尺寸等。

（2）确定问题调查的期间，如自 3 月 1 日至 4 月 30 日止。

（3）确定哪些数据是必要的，以及如何将数据分类，如按不合格类型分，按不合格发生的位置分，按工序分，按机器设备分，按操作者分，按作业方法分等。

（4）数据分类后，将不常出现的项目归到"其他"项目。

3. 确定收集数据的方法

排列图法收集数据，通常采用检查表的形式。

第一步，选题，确定质量特性。

第二步，设计一张数据记录表。

第三步，将数据填入表中，并合计。

第四步，制作排列图用数据表，表中有各项不合格数据，累计不合格数，各项不合格所占百分比及累计百分比。

第五步，按数量从大到小的顺序，将数据填入数据表中。"其他"项的数据由许多数据很小的项目合并在一起，将其列在最后，而不必考虑"其他"项数据的大小。

第六步，画两根纵轴和一根横轴。左边纵轴，标上件数（频数）的刻度，最大刻度为总件数（总频数）；右边纵轴，标上比率（频率）的刻度，最大刻度为100%。左边总频率的刻度与右边总频率的刻度（100%）高度相等。

横轴上将频数从大到小一次列出各项。

第七步，在横轴上按频数大小画出矩形。矩形的高度代表各不合格项频数的大小。

第八步，在每个直方柱右侧上方，标上累计值（累计频数和累计频率百分数），描点，用实线连接，画累计频数折线（巴雷特曲线）。

第九步，在图上记入有关必要事项。如排列图名称、数据、单位、作图人姓名以及采集数据的时间、主题、数据合计数等等。

4. 排列图的分类

正如前面所述，排列图是用来确定"关键的少数"的方法，根据用途，排列图可分为分析现象用排列图和分析原因用排列图。

（1）分析现象用排列图

这种排列图与以下不良结果有关，用来发现主要问题。

①质量：不合格、故障、顾客抱怨、退货、维修等；

②成本：损失总数、费用等；

③交货期：存货短缺、付款违约、交货期拖延等；

④安全：发生事故、出现差错等。

（2）分析原因用排列图

这种排列图与过程因素有关，用来发现主要问题。

①操作者：班次、组别、年龄、经验、熟练情况以及个人本身因素；

②机器：设备、工具、模具、仪器；

③原材料：制造商、工厂、批次、种类；

④作业方法：作业环境、工序先后、作业安排、作业方法。

5. 使用排列图的注意要点

如果希望问题能简单地得到解决，必须掌握正确的方法。排列图的目的在于有效解决问题，基本点就是要求我们只要抓住"关键的少数"就可以了。如果某项问题相对来说不是"关键的"，我们希望采取简单的措施就能解决。

引起质量问题的因素会很多，分析主要原因经常使用排列图。根据现象制作出排列图，确定了要解决的问题之后，必然就明确了主要原因所在，这就是"关键的少数"。

排列图可用来确定采取措施的顺序。一般地，把发生率高的项目减低一半要比发生问题的项目完全消除更为容易。因此，从排列图中矩形柱高的项目着手采取措施能够事半功倍。对照采取措施前后的排列图，研究组成各个项目的变化，可以对措施的效果进行验证。利用排列图不仅可以找到一个问题的主要原因,而且可以连续使用,找出复杂问题的最终原因。

【任务实施】

(1)用内径千分尺等量具测量图 4 – 1 所示导向轴套各部分尺寸精度。

(2)记录测量数据,填写实验报表。

(3)收集测量数据,按排列图法对导向轴套进行质量分析,并根据验收极限判断其合格与否。

【任务考核】

根据任务要求完成导向轴套的检测,并填写实验报表。

	名称	尺寸标注	最大极限尺寸	最小极限尺寸	尺寸公差
被测零件					
	名称	测量范围	示值范围		分度值
计量器具					
测量简图					
测量数据	实际尺寸				
	内测千分尺测量		内径千分尺测量(内径百分表)		
测量截面					
测量方向	左端				
	右端				
合格性判断					
实训心得					
班级	姓名	学号	审核老师	成绩	日期

【思考与拓展】

1. 思考若用排列法如何进行质量缺陷分析。
2. 小组收集数据，分析数据出现差值较大的原因，并提出解决措施。
3. 思考下图如何检测：

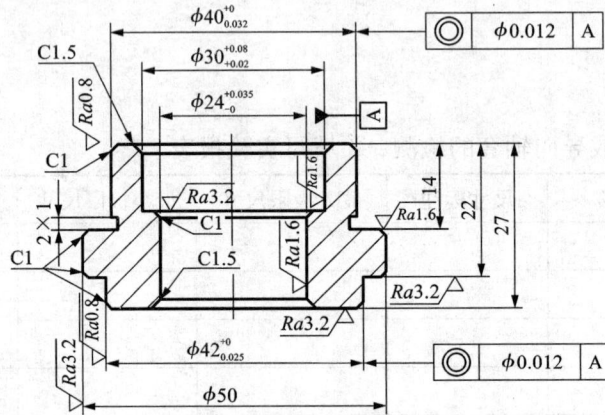

测量数据及结果

项目	圆1（$\phi30$）	圆2（$\phi24$）
圆心 X		
圆心 Y		
直径		
半径		
大半径		
小半径		
真圆度		
面积		
内、外圆同心度		

项目五
表面粗糙度的检测

任务　表面粗糙度参数的检测

【知识目标】

➤ 掌握表面粗糙度的基本概念，了解其对机械零件使用功能的影响；熟悉表面粗糙度评定参数的含义及应用。

➤ 掌握表面粗糙度的标注方法和意义。

【能力目标】

➤ 具备检测工件表面粗糙度的能力。

【任务描述】

完成图 5-1 齿轮轴的表面粗糙度检测。

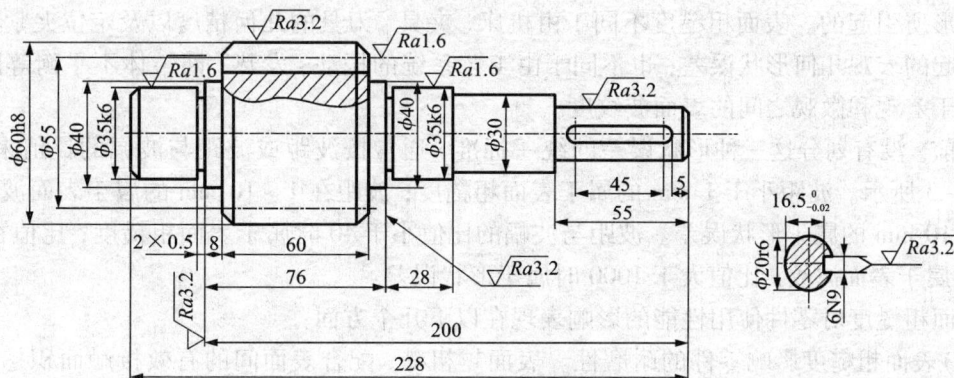

图 5-1　齿轮轴

【知识拓展】

一、基本术语及概念

1. 表面粗糙度

表面粗糙度的概念：零件的各表面，不管加工得多么光滑，置于在显微镜下观察，都可以看到峰谷不平的情况，如图 5 - 2 所示。零件表面上的微观几何形状特征称为零件的表面结构。零件的表面结构特征是粗糙度的轮廓、波纹度轮廓和原始轮廓特征性的统称。它是以不同的测量与计算方法得出的一系列参数进行评定的，是评定零件表面质量和保证其表面功能的重要技术指标。

粗糙度轮廓是指加工后的零件表面轮廓中具有较小间距和谷峰的那部分，它所具有的微观几何特性称为表面粗糙度。

原始轮廓是忽略了粗糙度轮廓和波纹轮廓之后的总轮廓，它具有宏观几何形状特征。

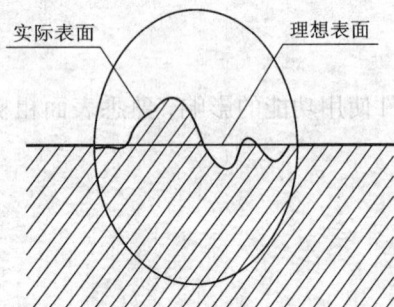

图 5 - 2　表面结构

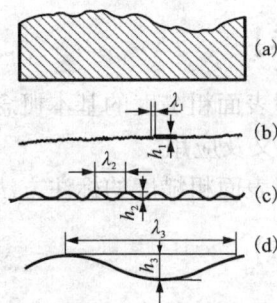

图 5 - 3　加工误差示意

(a)放大的实际表面轮廓；(b)表面粗糙度；

(c)表面波纹度；(d)宏观形状误差

表面粗糙度是由刀具的运动轨迹、刀具与零件表面间的摩擦和切屑分离时表面金属层的塑性变形所引起的。表面粗糙度不同于由机床、夹具、刀具的几何精度以及定位夹紧精度等因素引起的宏观几何形状误差；也不同于由工艺系统的振动、发热、回转体不平衡等因素引起的介于宏观和微观之间的表面波纹度。

目前，没有划分这三种形状误差的统一标准，通常按波距或波距与波幅的比值来划分。如图 5 - 3 所示。波距小于 1 mm 的属于表面粗糙度；波距在 1 ~ 10 mm 的属于表面波纹；波距大于 10 mm 的属于形状误差。波距与波幅的比值小于 40 时属于表面粗糙度；比值在 40 ~ 1000 时属于表面波纹；比值大于 1000 时属于形状误差。

表面粗糙度对零件使用性能的影响表现在以下几个方面：

(1)表面粗糙度影响零件的耐磨性。表面越粗糙，配合表面间的有效接触面积越小，压强越大，磨损就越快。

(2)表面粗糙度影响配合性质的稳定性。对间隙配合来说，表面越粗糙，就越易磨损，使工作过程中间隙逐渐增大；对过盈配合来说，由于装配时将微观凸峰挤平，减小了实际有效过盈，降低了联结强度。

（3）表面粗糙度影响零件的疲劳强度。粗糙零件的表面存在较大的波谷，它们像尖角缺口和裂纹一样，对应力集中很敏感，从而影响零件的疲劳强度。

（4）表面粗糙度影响零件的抗腐蚀性。粗糙的表面，易使腐蚀性气体或液体通过表面的微观凹谷渗入到金属内层，造成表面腐蚀，如图5-4所示。

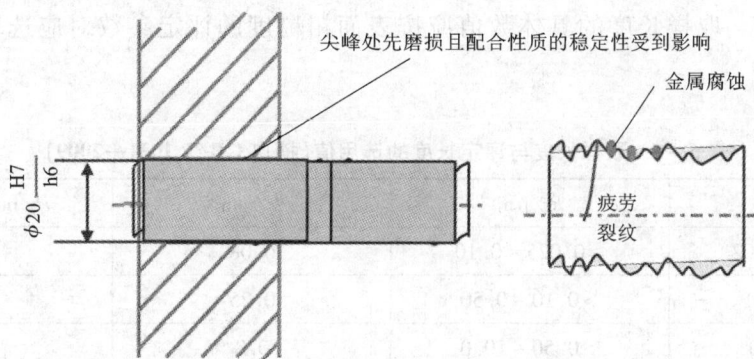

图5-4 表面粗糙度影响零件的抗腐蚀性

（5）表面粗糙度影响零件的密封性。粗糙的表面之间无法严密地贴合，气体或液体通过接触面间的缝隙渗漏。

（6）表面粗糙度影响零件的接触刚度。接触刚度是零件接合面在外力作用下，抵抗接触变形的能力。机器的刚度在很大程度上取决于各零件之间的接触刚度。

（7）影响零件的测量精度。零件被测表面和测量工具测量面的表面粗糙度都会直接影响测量的精度，尤其是在精密测量时。

此外，表面粗糙度对零件的镀涂层、导热性和接触电阻、反射能力和辐射性能、液体和气体流动的阻力、导体表面电流的流通等都会有不同程度的影响。

2. 基本术语

（1）表面轮廓

平面与实际表面相交所得的轮廓线，如图5-5所示。按照相截方向的不同，它又可分为横向实际轮廓和纵向实际轮廓。在评定或测量表面粗糙度时，除非特别指明，通常均指横向实际轮廓，即与加工纹理方向垂直的截面上的轮廓。

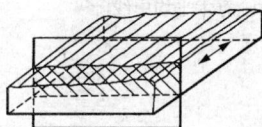

图5-5 表面轮廓

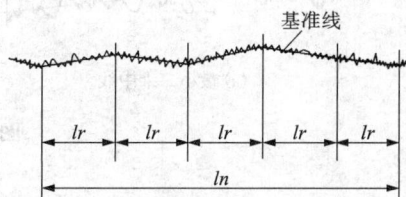

图5-6 评定长度与取样长度

（2）取样长度 lr

是指用于判别和测量表面粗糙度时所规定的一段基准线长度，如图5-6所示。取样长度应与表面粗糙度大小相适应。规定取样长度是为了限制和减弱表面波纹度对表面粗糙度测量结果的影响。在一个取样长度下实际轮廓线一般至少包含 5 个轮廓峰和 5 个轮廓谷。

（3）评定长度 ln

是指评定轮廓所必需的一段长度，它包括一个或数个取样长度。目的：为充分合理地反映某一表面的粗糙度特征（加工表面有着不同程度的不均匀性）。选择原则：一般按 $ln = 5lr$ 确定。评定长度与取样长度的具体数值应按表面粗糙度的评定参数对应选取，如表 5 – 1 所示。

表 5 – 1　取样长度与评定长度的选用值（摘自 GB/T 1031—2009）

$Ra/\mu m$	$Rz/\mu m$	lr/mm	$ln/mm(ln = 5lr)$
≥0.008 ~ 0.02	≥0.025 ~ 0.10	0.08	0.4
>0.02 ~ 0.1	>0.10 ~ 0.50	0.25	1.25
>0.1 ~ 2.0	>0.50 ~ 10.0	0.8	4.0
>2.0 ~ 10	>10.0 ~ 50.0	2.5	12.5
>10 ~ 80	>50.0 ~ 320.0	8.0	40.0

（4）评定基准线

是评定表面粗糙度数值的基准线，具有几何轮廓形状与被测表面几何形状一致，并将被测轮廓加以划分的线。基准线有两种：

①最小二乘中线

使轮廓上各点的轮廓偏转距 y（在测量方向上轮廓上的点至基准线的距离）的平方和为最小的基准线，如图 5 – 7（a）所示。

②算术平均中线

在取样长度范围内，划分实际轮廓为上、下两部分，且使上下两部分面积相等的线，如图 5 – 7（b）所示。

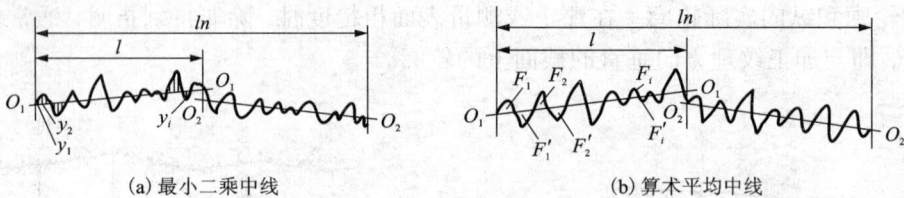

(a) 最小二乘中线　　　　(b) 算术平均中线

图 5 – 7　轮廓中线

在轮廓图形上确定最小二乘中线的位置比较困难，在实际工作中用算术平均中线代替最小二乘中线。轮廓算术平均中线可用目测估计确定。

3. 表面加工纹理

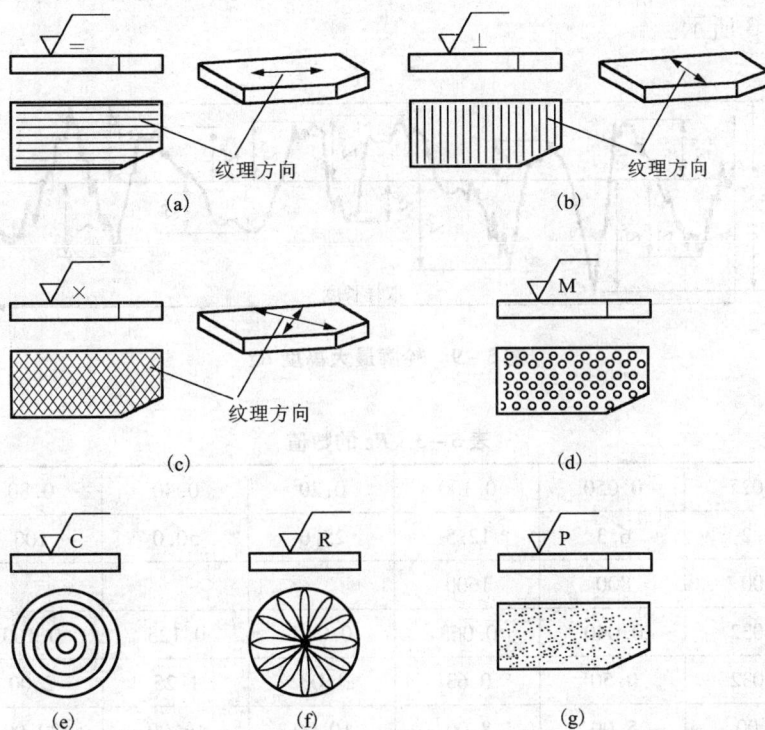

(a)　纹理方向
(b)　纹理方向

(c)　纹理方向
(d)

(e)
(f)
(g)

图 5-8　表面加工纹理

4. 表面粗糙度的评定参数

（1）轮廓的算术平均偏差 Ra

在零件图上，表面粗糙度的评定参数常采用轮廓的算术平均偏差 Ra 来表示。轮廓的算术平均偏差 Ra 是指在一个取样长度内，被测实际轮廓上各点纵坐标值的绝对值的算术平均值（GB/T 3505—2009）。用公式表示：

$$Ra = \frac{1}{l}\int_0^l |Z(x)|\,\mathrm{d}x$$

Ra 的数值如表 5-2 所示。

表 5-2　Ra 的数值　　　　　　　　　　　　　　　　单位：μm

基本系列	0.012	0.025	0.050	0.100	0.20	0.40	0.80
	1.60	3.2	6.3	12.5	25.0	50.2	100
补充系列	0.008	0.010	0.016	0.020	0.032	0.040	0.063
	0.080	0.125	0.160	0.25	0.32	0.50	0.63
	1.00	1.25	2.00	2.50	4.00	5.00	8.00
	10.00	16.00	20.00	32.00	40.00	63.00	80.00

（2）轮廓最大高度 R_z

指在取样长度内五个最大的轮廓峰高的平均值与五个最大的轮廓谷深的平均值之和，如图 5 - 9、表 5 - 3 所示。

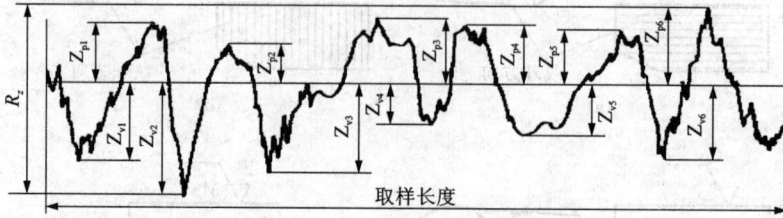

图 5 - 9　轮廓最大高度 Rz

表 5 - 3　Rz 的数值　　　　　　　　　　　单位：μm

基本系列	0.025	0.050	0.100	0.20	0.40	0.80	1.60
	3.2	6.3	12.5	25.0	50.0	100	200
	400	800	1600				
补充系列	0.032	0.040	0.063	0.080	0.125	0.160	0.25
	0.032	0.50	0.63	1.00	1.25	2.00	2.50
	4.00	5.00	8.00	10.00	16.00	20.00	32.00
	40.00	63.00	80.00	125	160	250	3200
	500	630	1000	1250			

（3）轮廓单元的平均宽度 R_{sm}

指在一个取样长度内，轮廓单元宽度 X_s 的平均值，如图 5 - 10 所示。

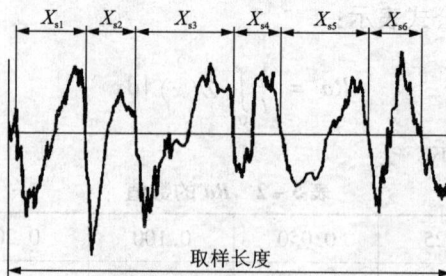

图 5 - 10　轮廓单元的平均宽度 R_{sm}

$$R_{sm} = \frac{1}{m}\sum_{i=1}^{m} X_{si}$$

（4）轮廓支承长度率 $R_{mr}(c)$

指用一根平行于中线且与轮廓峰顶线相距为 C 的线与轮廓峰相截所得到的各段截线 bi

之和，称为轮廓支承长度 η_p。轮廓支承长度 η 与取样长度之比，就是轮廓支承长度率，如图 5 – 11 所示。

$$t_p = (\eta_p / L) \times 100\%$$

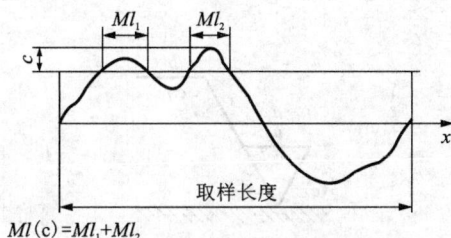

图 5 – 11 实体材料长度

Ml：实体材料长度

二、表面粗糙度的符号

GB/T 131—2006 规定了表面粗糙度的符号、代号及其在图样上的标注方法。

1. 表面粗糙度符号（如表 5 – 4 所示）

表 5 – 4 表面粗糙度符号

符号	意义
√	基本图形符号，对表面结构有要求的图形符号，简称基本符号。没有补充说明时不能单独使用
√	扩展图形符号，基本符号上加一短横，表示指定表面是用去除材料的方法获得，如车、铣、钻、磨、剪切、抛光、腐蚀、电火花加工、气割等
√	扩展图形符号，基本符号上加一小圆，表示表面是用不去除材料的方法获得，如铸、锻、冲压变形、热轧、冷轧、粉末冶金等，或者是用于保持原供应状况的表面（包括保持上道工序状况）
√	完整图形符号，当要求标注表面结构特征的补充信息时，在允许任何工艺图形符号的长边上加一横线。在文本中用文字 APA 表示
√	完整图形符号，当要求标注表面结构特征的补充信息时，在去除材料图形符号的长边上加一横线。在文本中用文字 MRR 表示
√	完整图形符号，当要求标注表面结构特征的补充信息时，在不去除材料图形符号的长边上加一横线。在文本中用文字 NMR 表示

2. 表面粗糙度完整图形符号的组成

（1）概述 为了明确表面粗糙度要求，除了标注表面粗糙度参数代号和数值外，必要时应标注补充要求，补充要求包括单一要求——传输带/取样长度、加工工艺、表面纹理及方向、加工余量等。

（2）表面粗糙度单一要求和补充要求的注写位置

在完整符号中，对表面粗糙度的单一要求和补充要求应注写在指定位置，如图5-12所示的指定位置。

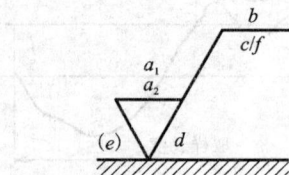

图5-12　表面粗糙度参数标注

①位置a注写表面粗糙度的单一要求。

根据GB/T 131—2006标注表面粗糙度参数代号、极限值和传输带或取样长度。传输带或取样长度后应有一斜线"/"，之后是表面粗糙度参数代号，最后是数值，如示例1：$0.0025 \sim 0.8/Rz\,6.3$（传输带标注），示例2：$-0.8/Rz\,6.3$（取样长度标注）。对图形法应标注传输带，后面应有一斜线"/"，之后是评定长度值，再后是一斜线"/"，最后是表面粗糙度参数代号及其数值，如示例3：$0.008-0.5/16/R\,10$。

②位置a和b注写两个或多个表面粗糙度要求。在位置a注写第一个表面粗糙度要求，方法同①。在位置b注写第二个表面粗糙度要求。

③位置c注写加工方法、表面处理、涂层或其他加工工艺要求等。如车、磨、镀等加工表面。

④位置d注写表面纹理和方向。注写所要求的表面纹理和纹理的方向，如"＝""X""M"。

⑤位置e注写加工余量。注写所要求的加工余量，以毫米为单位给出数值。

GB 131—1993规定：当允许在表面粗糙度参数的所有实测值中，超过规定值的个数少于总数的16%时，应在图中标注表面粗糙度参数的上限值或下限值；当要求在表面粗糙度参数所有实测值不允许超过规定值时，应在图样上标注表面粗糙度参数的最大值或最小值。

在完整符号中表示双向极限时应标注极限代号，上极限在上方用U表示，下极限在下方用L表示。如果同一参数具有双向极限要求，在不引起歧义的情况下，可以不加注U，L。上、下极限值可以用不同的参数代号传输带表达。

表面粗糙度代号及含义如表5-5所示。

表5-5　表面粗糙度代号及含义

序号	代号	含义
1	$\sqrt{}\ Ra\,0.8$	表示不允许去除材料，单向上限值，默认传输带，R轮廓，算术平均偏差0.8 μm，评定长度为5个取样长度（默认），16%规则（默认）。本例未标传输带，应理解为默认传输带，此时取样长度可由GB/T 10610和GB/T 6062中查取

54

续表 5－5

序号	代号	含义
2	$\sqrt{}$ Rz max 0.2	表示去除材料，单向上限值，默认传输带，R 轮廓，粗糙度最大高度的最大值 0.2 μm，评定长度为 5 个取样长度（默认），最大规则
3	$\sqrt{}$ 0.008-0.8/Ra 3.2	表示去除材料，单向上限值，传输带 0.008～0.8 mm，R 轮廓，算术平均偏差 3.2 μm，评定长度为 5 个取样长度（默认），16% 规则（默认）。传输带"0.008～0.8"中的前后数值分别为短波和长波滤波器的截止波长（$\lambda_s - \lambda_c$），以示波长范围。此时取样长度等于 λ_c，则 $lr = 0.8$ mm
4	$\sqrt{}$ -0.8/Ra 3 3.2	表示去除材料，单向上限值，传输带根据 GB/T 6062，取样长度 0.8 mm（λ_s 默认 0.0025 mm），R 轮廓，算术平均偏差 3.2 μm，评定长度为 3 个取样长度，16% 规则（默认）
5	$\sqrt{}$ U Ra max 3.2 L Ra 0.8	表示不允许去除材料，双向极限值，两极限值均使用默认传输带，R 轮廓，上限值算术平均偏差 3.2 μm，评定长度为 5 个取样长度（默认），最大规则，下限值算术平均偏差 0.8 μm，评定长度为 5 个取样长度（默认），16% 规则（默认）。在不引起歧义时，可不加注 U、L

三、表面粗糙度的标注方法

表面粗糙度要求每一表面一般只标注一次代（符）号，并尽量靠近有关尺寸线，若地方不够也可以引出标注。图样上所注的表面粗糙度代（符）号是指该表面完工后的要求。

1. 表面粗糙度符号、代号的标注位置与方向

粗糙度的标注总的原则是根据 GB/T 4458.4 的规定，使表面粗糙度的注写和读取方向与尺寸的注写和读取方向一致，如图 5－13 所示。

（1）标注在轮廓线上或指引线上　表面结构要求可标注在轮廓线上，其符号应从材料外指向并接触表面，必要时，表面结构符号也可以用带箭头或黑点的指引出标注，如图 5－14、图 5－15 所示。

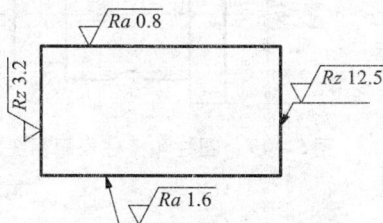

图 5－13　表面粗糙度的注写方向图

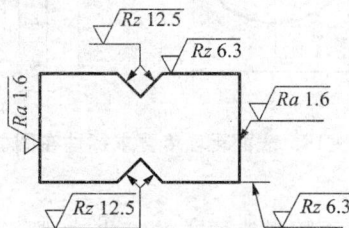

图 5－14　表面粗糙度在轮廓线上的标注

（2）标注在特征尺寸的尺寸线上　在不致引起误解时，表面粗糙度要求可以标注在装配结构给定的尺寸线上，如图 5－16 所示。

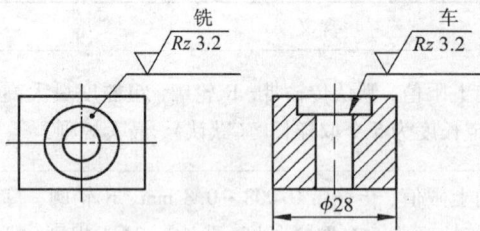

图 5-15　用指引线引出标注表面粗糙度

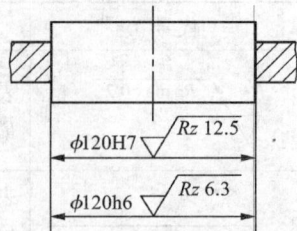

图 5-16　表面粗糙度标注在尺寸线上

（3）标注在形位公差的框格上　表面粗糙度要求可标注在形位公差框格的上方，如图 5-17 所示。

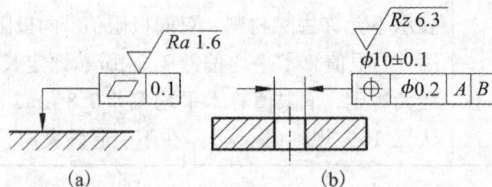

图 5-17　表面粗糙度标注在形位公差框格的上方

（4）标注在延长线上　表面粗糙度要求可以直接标注在延长线上，或用带箭头的指引线引出标注，如图 5-18 所示。

（5）标注在圆柱和棱柱表面上　如果每个棱柱表面有不同的表面粗糙度要求，则应分别单独标注，如图 5-19 所示。

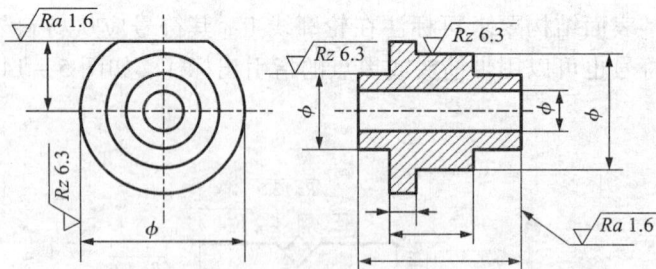

图 5-18　表面粗糙度要求标注在圆柱特征的延长线上

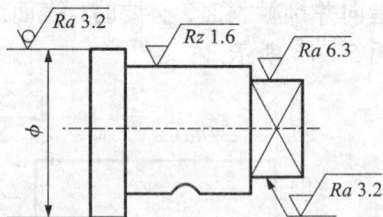

图 5-19　圆柱和棱柱表面粗糙度的注法

2. 表面粗糙度要求的简化注法

表面结构要求还可以采用简化注法，简化注法有以下几种：

（1）有相同表面粗糙度要求的简化注法　如果工件的全部表面的结构要求都相同，可将其结构要求统一标注在图样的标题栏附近。如图 5-20 所示。

（2）多个表面有共同要求的注法　当多个表面具有相同的表面粗糙度要求或图纸空间有限时，可以采用简化注法。

56

四、常用螺纹量具

常用螺纹量具有螺距规、螺纹环规、螺纹塞规、螺纹千分尺等，如图6-6。

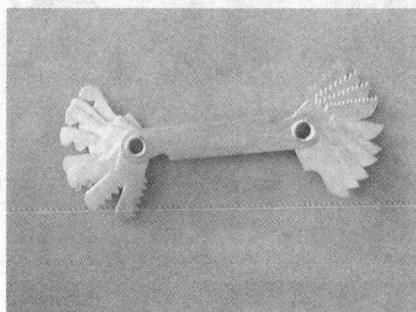

(a) 螺距规

(b) 环规

(c) 塞规

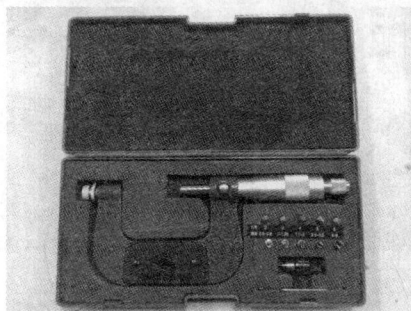

(d) 螺纹千分尺

图6-6　螺纹量规

【任务实施】

用螺纹千分尺进行综合检验，如图6-1螺纹轴中M24×2-6g、M21×1.5-6g螺纹，测量其大径、中径及小径，分析螺纹的质量缺陷。

1. 螺纹千分尺检验螺纹步骤如图6-7所示。

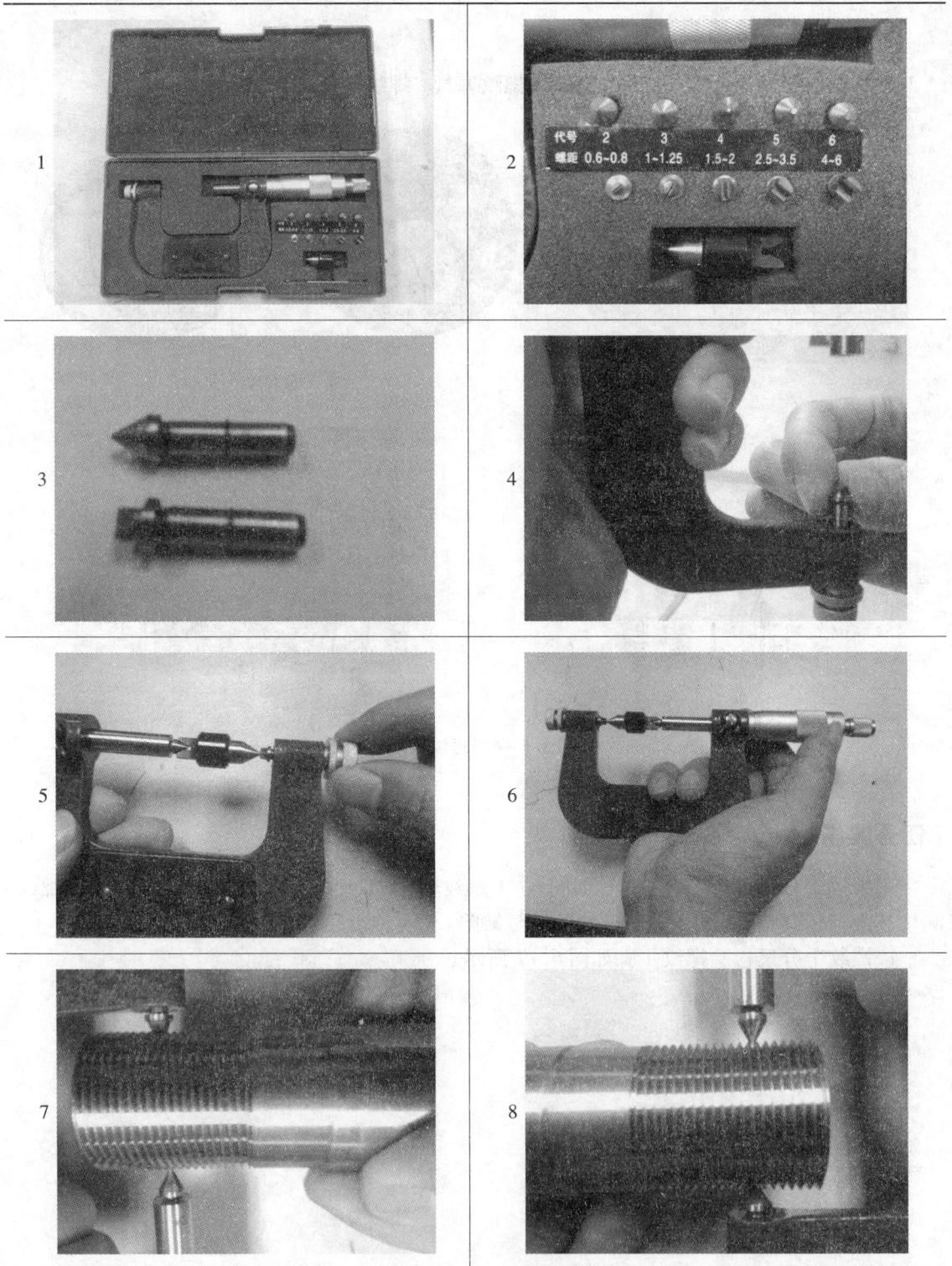

代号 2 3 4 5 6
螺距 0.6~0.8 1~1.25 1.5~2 2.5~3.5 4~6

图 6-7 检验步骤

74

2.收集测量数据,对螺纹进行质量分析,并根据测量结果判断其是否合格。

【任务考核】

根据任务要求完成卡规的检测,并填写完成实验报表。

	名称	尺寸标注	最大极限尺寸	最小极限尺寸	尺寸公差
被测零件					

	名称	测量范围	示值范围	分度值
计量器具				

测量简图	

测量数据	实际尺寸	
	游标卡尺测量	千分尺测量
测量截面		

测量方向	A－A		
	B－B		

合格性判断	

实训心得	

班级	姓名	学号	审核老师	成绩	日期	

【思考与拓展】

1. 普通螺纹结合的基本要求是什么?
2. 普通螺纹检测的常用量具有哪些?
3. 试述螺纹千分尺的检验步骤。
4. 试分析螺纹尺寸精度不合格的原因,并提出解决措施。

项目七
直线度、圆度和圆柱度的检测

任务　销轴的检测

【知识目标】

➤ 掌握直线度、圆度和圆柱度的基本概念；
➤ 看懂销轴零件图和技术要求；
➤ 掌握指示器、水平仪、圆度仪等量仪的使用方法。

【能力目标】

➤ 指示器法和水平仪法测量直线度方法及步骤；
➤ 指示器法和圆度仪法测量圆度的方法和步骤。

【任务描述】

了解销轴的材料、功用，掌握销轴检测的方法、一般步骤，完成图 7 - 1 销轴的检测。

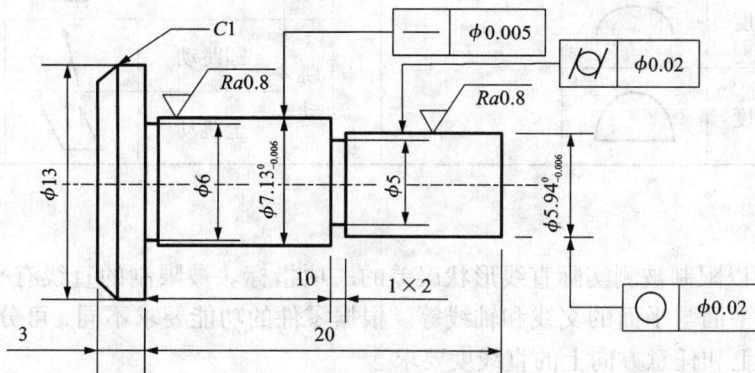

图 7 - 1　销轴检测

【知识拓展】

一、形状公差与位置公差

1. 形状公差与位置公差的作用和分类

（1）零件在加工过程中不但尺寸会产生误差，而且还会产生或大或小的形状误差和位置误差，它们会直接影响机器、仪器仪表、刀具、量具等各种机械产品的工作精度、连接强度、运动平稳性、密封性、耐磨性和使用寿命等，甚至还与机器在工作时产生的噪声有关。因此，为了保证产品质量。保证零部件的互换性，必须给定形位公差要求，以限制形位误差。

（2）形位公差分为形状公差和位置公差两大类十四项。形状公差包括直线度、平面度、圆度、圆柱度。位置公差包括定向公差、定位公差和跳动公差，其中定向公差分为平行度、垂直度和倾斜度；定位公差分为位置度、同额度和对称度；跳动公差分为圆跳动和全跳动。线轮廓度和面轮廓度，如无基准要求，属形状公差；若有基准要求，则属位置公差。

国家标准 GB/T 1182—1996 规定了形位公差特征项目的符号，如表 7 - 1 所示。

表 7 - 1　形位公差项目符号

公差		特征项目	符号	有或无基准要求	公差		特征项目	符号	有或无基准要求
形状	形状	直线度	—	无	位置	定向	平行度	∥	有
		平面度	▱				垂起度	⊥	
		圆度	○	有或无			倾斜度	∠	
		圆柱度	⌭			定位	位置度	⊕	有或无
形状或位置	轮廓	线轮廓度	⌒				同轴度	◎	有
		面轮廓度	⌓				对称度	=	
						跳动	圆跳动	↗	
							全跳动	⌰	

2. 直线度

直线度是用以限制被测实际直线形状误差的一项指标。被限制的直线有平面内的直线、回转体的素线、平面与平面的交线和轴线等。根据零件的功能要求不同，可分别提出给定平面内、给定方向上和任意方向上的直线度要求。

如图 7 - 2 所示，是给定平面内（通过轴线的平面内）的圆柱素线，采用直线度限制圆柱素线示例。公差带是距离为公差值 0.02 mm 的两平行直线间的区域。

如图 7 - 3 所示，采用直线度在任意方向上限制 ϕd 圆柱体的轴线的示例。共公差带是直

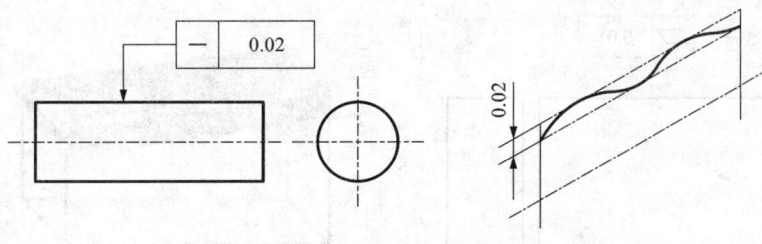

图 7-2 结定平面内直线度公差带示例

径为公差值 $\phi 0.04$ mm 的圆柱面内区域。

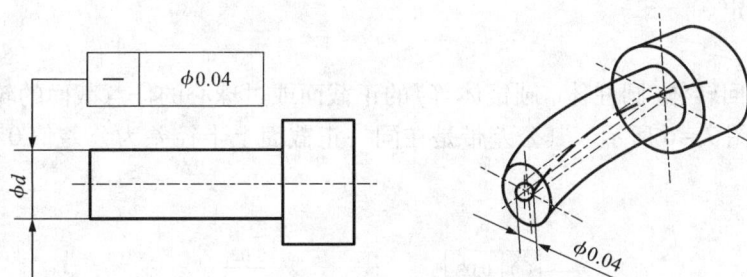

图 7-3 任意方向上直线度公差示例

图 7-4 是图样上不同的标注，其公差带形状也不同的典型例题。

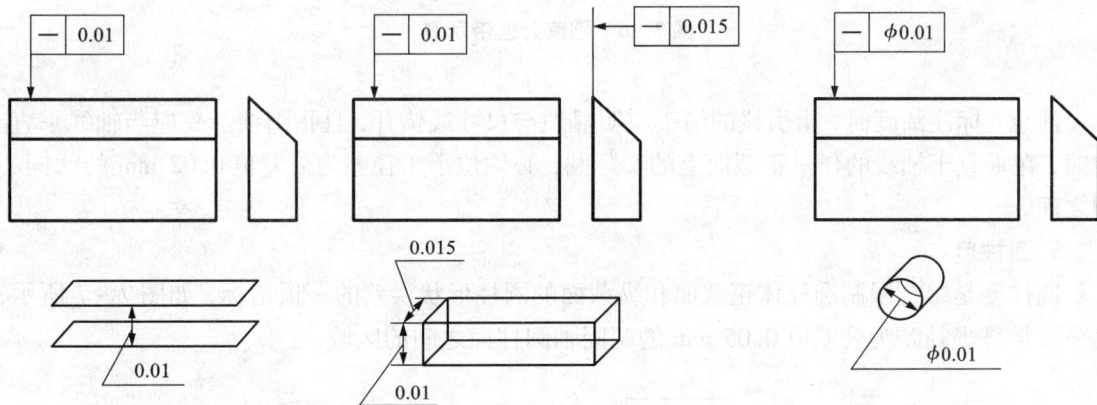

图 7-4 公差带典型示例

3.平面度

平面度是限制实际表面形状误差的一项指标。如图 7-5 所示，其公差带是距离为公差值 0.01 mm 的两平行平面间的区域。采用平面度既可以限制上表面平面度误差，又可以限制被测实际表面上任一方向的直线度误差。此时，整个上表面必须位于距离为公差值 0.01 mm 的两平行平面内。

79

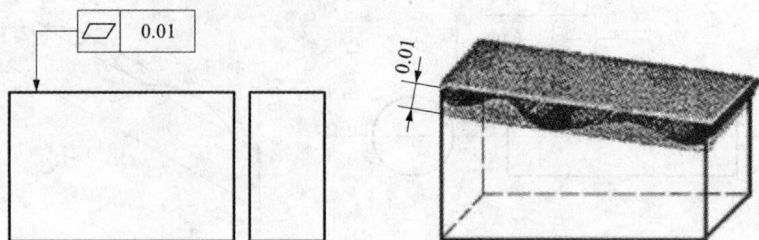

图 7－5   平面度公差带示例(限制整表面)

注意：公差带方向不一定和框格指引线箭头所指方向重合。形状公差带的实际方向，需由最小条件来确定。

4. 圆度

圆度是限制回转体(圆柱体、圆锥体等)的正截面或过球心的任意截面的轮廓圆形状误差的一项指标，如图 7－6 所示。其公差带是在同一正截面上半径差为公差值 0.02 mm 的两同心圆之间的区域。

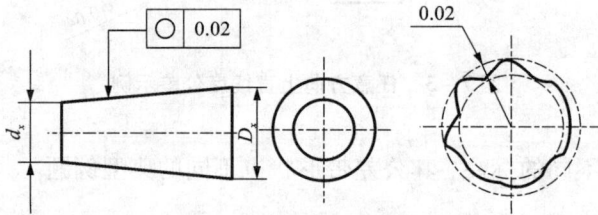

图 7－6   圆度公差带示例

注意：标注圆度时，指引线的箭头应明显地与尺寸线错开，且指引线箭头应与轴线垂直。此时，在垂直于轴线的任一正截面上的实际圆，必须位于半径差为公差值 0.02 mm 的两同心圆之间。

5. 圆柱度

圆柱度是综合限制圆柱体正截面和纵截面的圆柱形状误差的一项指标，如图 7－7 所示，其公差带是半径差为公差值 0.05 mm 的两同轴圆柱面之间的区域。

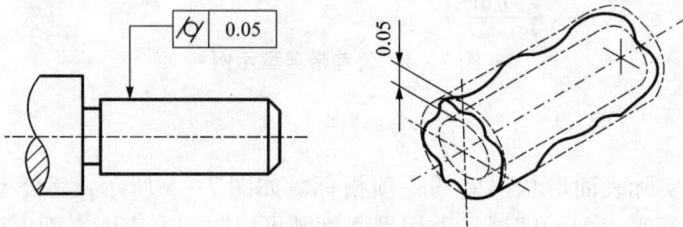

图 7－7   圆柱度公差带示例

二、直线度误差的检测

1. 指示器测量法

将被测零件安装于平行于平板的两顶尖之间。用带有两只指示器的表架,沿铅垂轴截面的两条素线测量,同时分别记录两指示器在各自测点的读数 M_1 和 M_2,取各测点读数差的一半(即 $|M_1 - M_2|/2$)中的最大差值作为该截面轴线的直线度误差(如图 7-8 所示)。将零件转位,按上述方法测量若干个截面,取其中最大的误差值作为被测零件轴线直线度误差。

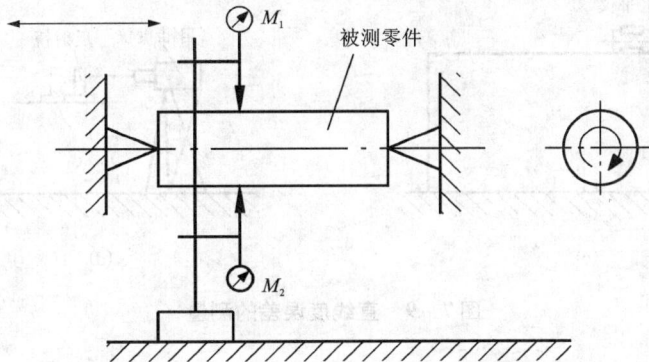

图 7-8 用两只指示器测直线度

2. 刀口尺法

刀口尺法是用刀口尺和被测要素(直线或平面)接触,使刀口和被测要素之间的最大距离为最小,此最大间隙为被测的直线度误差。间隙值可用塞尺测量或与标准间隙比较,如图 7-9(a)所示。

3. 钢丝法

钢丝法是用特别的钢丝作为测量基准,用测量显微镜读数。调整钢丝的位置,使测量显微镜读得两端读数相等。沿被测要素移动显微镜,显微镜中的最大读数即为被测要素的直线度误差值,如图 7-9(b)所示。

4. 水平仪法

水平仪法是将水平仪放在被测表面上,沿被测要素按节距,逐段连续测量。对读数进行计算可求得直线度误差值,也可采用作图法求得直线度的误差值。

一般是在读数之前先将被测要素调成近似水平,以保证水平仪读数方便。测量时可在水平仪下面放入桥板,桥板长度可按被测要素的长度,以及测量的精度要求决定,如图 7-9(c)所示。

5. 自准直仪法

用自准直仪和反射镜测量是将自准直仪放在固定位置上,测量过程中保持位置不变。反射镜通过桥板放在被测要素上,沿被测要素按节距逐段连续移动反射镜,并在自准直仪的读数显微镜中读得对应的数值,对数值进行计算可求得直线度误差。该测量中是以自准直光线为测量基准,如图 7-9(d)所示。

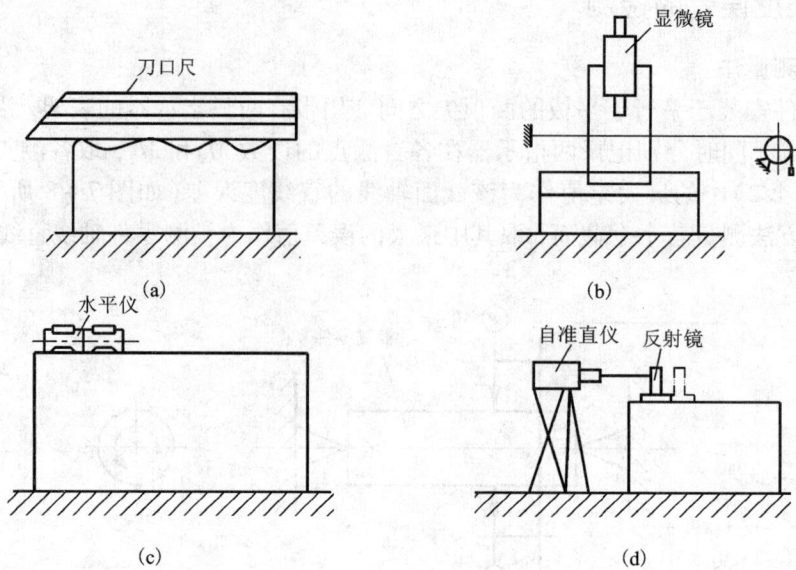

图 7 – 9　直线度误差的测量

6.直线度误差测量数据的处理

用各种方法测量直线度的误差时,应对所测得的读数进行数据处理后才能得出直线度的误差值。这里仅介绍常用的图解法。

图解法　当采用分段布点测量直线度误差时,采用图解法求出直线度误差是一种直观而易行的方法。根据相对测量基准的测得数据在直角坐标纸上按一定放大比例可以描绘出误差曲线的图像,然后按图像计算出直线度误差。

例:用水平仪测得下列数据,用图解法求解直线度误差(表 7 – 2 中读数已化为线性值,线性值 = 水平仪角度值 × 垫板长度)。

表 7 – 2　测得数据

测点序号	0	1	2	3	4	5	6	7	8
水平仪读数	0	+6	+6	0	– 1.5	– 1.5	+3	+3	+9
累计值 h_i	0	+6	+12	+12	+10.5	+9	+12	+15	+24

根据表 7 – 2 中所列数据,从起始点"0"开始逐段累积作图。累计值相当于图中的 y 坐标值,测点序号相当于图中 c 轴上分段各点。作图时,对于累计值 h_i 来说,采用的是放大比例,根据 h_i 值的大小可以任意选取放大比例,以作图方便、读图清晰为准。横坐标是将被测长度按缩小比例尺进行分段。一般来说,纵坐标的放大比例和横坐标的缩小比例,两者之间并无必然的联系。但从绘图的要求上来说,对于纵坐标在图上的分度以小于横坐标的分度为好。这样画出的图像在坐标系里比较直观、形象,否则就把误差值过分夸大而使误差曲线严重歪曲。

82

按最小区域法评定直线度误差时，可在绘制出的误差曲线图像上直接寻找最高和最低点，需要找到最高和最低相间的三点。从图7-10中可知，该例的最高点为序号2和序号8的测量点，而序号5的测量点为最低点。过这些点，可作两条平行线，将直线度误差曲线全部包容在两平行线之内。由于接触的三点已符合规定的相间准则，于是，可沿y轴方向量取两平行线之间的距离，并按y轴的分度值就可确定直线度误差，从图中可以取得9个分度，因分度值为1 μm，故该例按最小区域法评定的直线度误差即为9 μm。

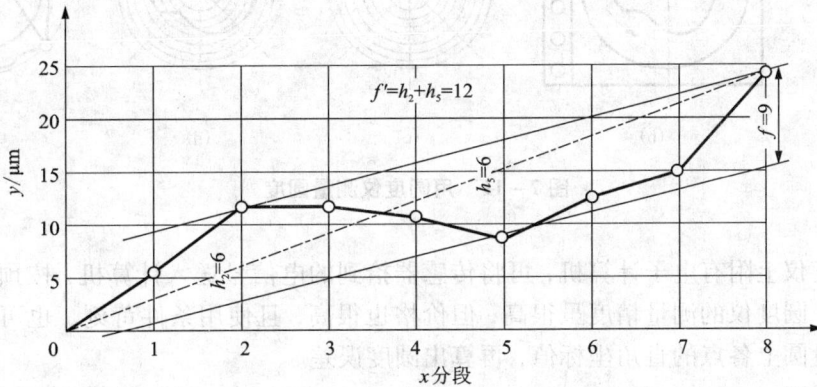

图7-10　用图解法与最小包容区法求直线度误差

如果按两端点连线法来评定该例的直线度误差，则可在图7-10上把误差曲线的首尾连接成一条直线，该直线即为这种评定法的理想直线。相对于该理想直线来说，序号2的测量点至两端点连续的距离为最大正值，而序号5、7的三点至两端点连线的距离为最大负值，这里所指的"距离"也是按y轴方向，可在y轴上量得$h_2 = 6$ μm、$h_5 = 6$ μm。因此，按两端点连线法评定的直线度误差为$f = 12$ μm。

如上所述，用图解法求直线度误差时，必须沿坐标轴的方向量取距离，不能按最小区域法规定的垂直距离量取。这是因为绘图时，纵坐标和横坐标采用了悬殊的比例。虽然绘制的误差曲线在坐标系内倾斜不同，但坐标轴方向始终代表了按相同比例绘制的误差曲线的垂直距离，即与采用的比例无关。

三、圆度误差的检测

圆度误差的检测方法有两类：

1. 圆度仪法

在圆度仪上测量，如图7-11(a)所示。圆度仪上回转轴带着传感器转动，使传感器上测量头沿被测表面回转一圈，测量头的径向位移由传感器转换成电信号，经放大器放大，推动记录笔在圆盘纸上画出相应的位移，得到所测截面的轮廓图，如图7-11(b)所示。这是以精密回转轴的回转轨迹模拟理想圆，与实际圆进行比较的方法。用一块刻有许多等距同心圆的透明板，如图7-11(c)所示，置于记录纸下，与测得的轮廓圆相比较，找到紧紧包容轮廓圆，而半径差又为最小的两同心圆，如图7-11(d)所示，其间距就是被测圆的圆度误差[注意应符合最小包容区域判别法：两同心圆包容被测实际轮廓时，至少有四个实测点内外相间地在两个圆周上，称交叉准则，如图 7－11（e）所示。根据放大倍数不同，透明板上相邻两同心圆之间的格值为 0.05～5 μm，如当放大倍数为 5000 倍数时，格值为 0.2 μm。

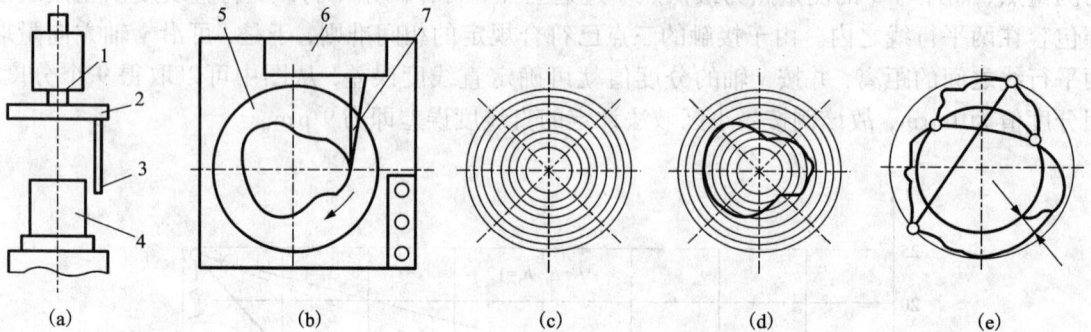

图 7－11　用圆度仪测量圆度

　　如果圆度仪上附有电子计算机，可将传感器拾到的电信号送入计算机，按预定程序算出圆度误差值。圆度仪的测量精度虽很高，但价格也很高，且使用条件苛刻。也可用直角坐标测量仪来测量圆上各点的直角坐标值，再算出圆度误差。

2. 指示器法

（1）两点法测量圆度

　　是将被测零件放在支承上，用指示器来测量实际圆的各点对固定点的变化量，如图 7－12所示。被测零件轴线应垂直于测量截面，同时固定轴向位置。

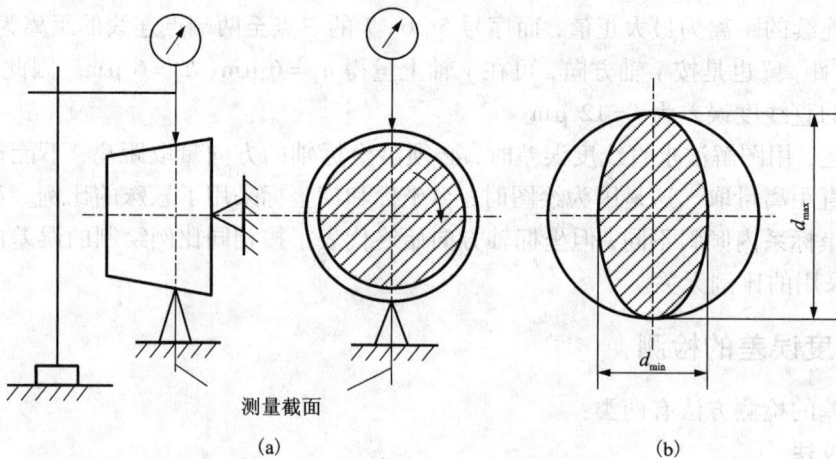

测量截面
（a）　　　　　　　　　　　　（b）

图 7－12　两点法测量圆度

　　①在被测零件回转一周过程中，指示器读数的最大差值之半数作为单个截面的圆度误差。

　　②按上述方法测量若干个截面，取其中最大的误差值作为该零件的圆度误差。

　　此方法适用于测量内外表面的偶数棱形状误差。测量时可以转动被测零件，也可转动量具，由于此检测方案的支承点只有一个，加上测量点，称为两点法测量，通常也可用游标卡

84

尺测量。

（2）三点法测量圆度

将被测零件放在 V 形块上，使其轴线垂直于测量截面，同时固定轴向位置，如图 7 – 13 所示。

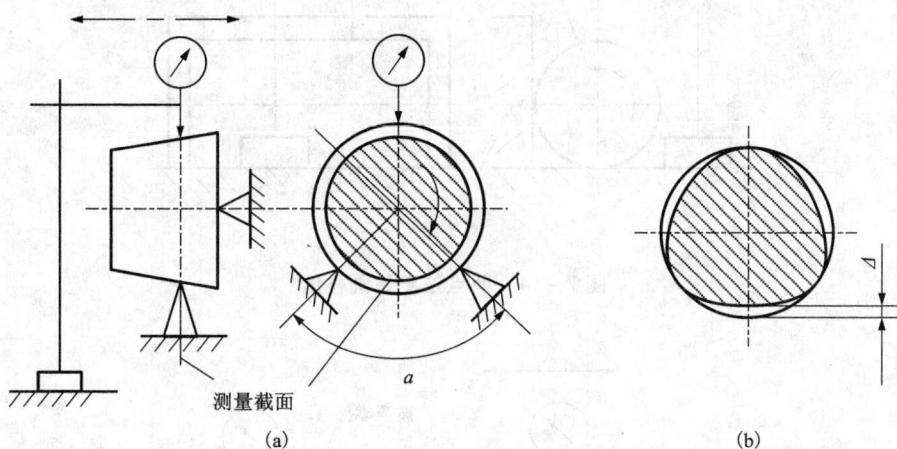

测量截面

(a)　　　　　　　　　　　　　　　　(b)

图 7 – 13　三点法测量圆度

①在被测零件回转一周过程中，指示器读数的最大差值之半数作为单个截面的圆度误差。

②按上述方法测量若干个截面，取其中最大的误差值作为该零件的圆度误差。

此方法测量结果的可靠性取决于截面形状误差和 V 形块夹角的综合效果。常以夹角等于 90°和 120°或 72°和 108°两块 V 形块分别测量。

此方法适用于测量内、外表面的奇数棱形状误差（偶数棱形状误差采用两点法测量）。使用时可以转动被测零件，也可转动量具。

四、圆柱度误差的检测

圆柱度误差的检测可在圆度仪上测量若干个横截面的圆度误差，按最小条件确定圆柱度误差。如圆度仪具有使测量头沿圆柱的轴向作精确移动的导轨，使测量头沿圆柱面做螺旋运动，则可以用电子计算机计算出圆柱度误差。

目前在生产上测量圆柱度误差，与测量圆度误差一样，多用测量特征参数的近似方法来测量圆柱度误差。如图 7 – 14 所示，将被测零件放在平板上，并紧靠直角座。

（1）在被测零件回转一周过程中，测量一个横截面上的最大与最小读数。

（2）按上述方法测量若干个横截面，然后取各截面内所测得的所有读数中最大与最小读数差之半作为该零件的圆柱度误差。此方法适用于测量外表面的偶数棱形状误差。

如图 7 – 15 所示为用三点法测量圆柱度的实例，将被测零件放在平板上的 V 形块内（V 形块的长度应大于被测零件的长度）。

（3）在被测零件回转一周过程中，测量一个横截面上的最大与最小读数。

（4）按前述方法，连续测量若干个横截面，然后取各截面内所测得的所有读数中最大与

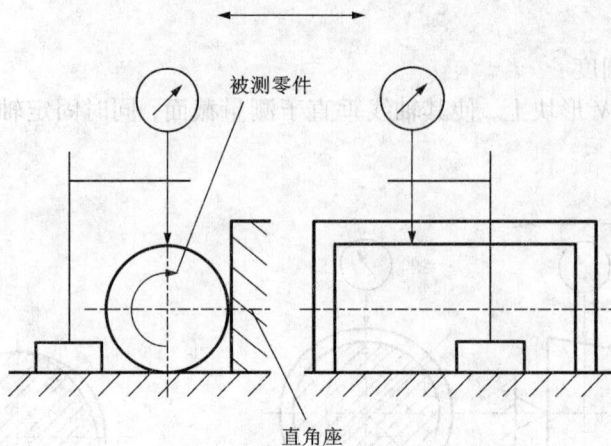

图 7 - 14　两点法测量圆柱度

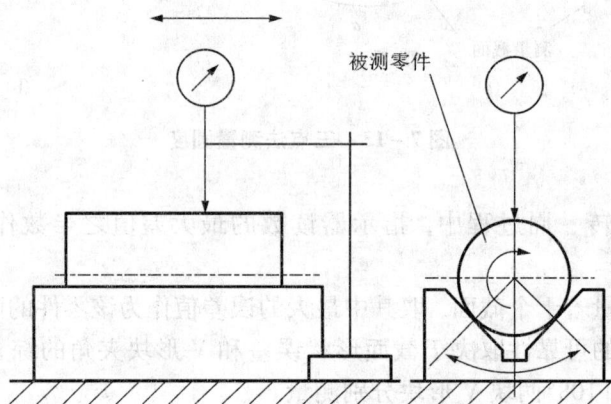

图 7 - 15　三点法测量圆柱度

最小读数的差值之半数作为该零件的圆柱度误差。此方法适用于测量外表面的奇数棱形状误差。为测量准确,通常应使用夹角 $\alpha = 90°$ 和 $\alpha = 120°$ 的两个 V 形块分别测量。

圆度与圆柱度应用说明:

(1)圆柱度和圆度一样,是用半径差来表示,这是符合生产实际的,因为圆柱面旋转过程中是以半径的误差起作用,所以是比较先进的、科学的指标。两者不同之处是:圆度公差控制横截面误差。而圆柱度公差则是控制横截面和轴截面的综合误差。

(2)圆度和圆柱度在检测中,如需规定要用两点法或三点法,则可在公差框格下方加注检测方案说明。

(3)圆柱度公差值只是指两圆柱面的半径差,未限定圆柱面的半径和圆心位置。因此,公差带不受直径大小和位置的约束,可以浮动。

【任务实施】

(1)用指示器法和水平仪法测量图 7 - 1 所示销轴直线度公差,用指示器法和圆度仪法测量图 7 - 1 所示销轴圆度公差。

（2）记录测量数据，填写实验报表。

（3）收集测量数据，进行质量分析，并根据验收极限判断其合格与否。

【任务考核】

根据任务要求完成销轴的检测，并填写实验报表。

被测零件	名称	公差标注	最大极限尺寸	最小极限尺寸	尺寸公差

计量器具	名称	测量范围	示值范围	分度值

测量简图	

测量数据	实际尺寸	
	指示器测量	水平仪（圆度仪）测量
测量次数 1		
测量次数 2		
测量次数 3		
测量次数 4		
测量次数 5		
合格性判断		
实训心得		

班级	姓名	学号	审核老师	成绩	日期	

【思考与拓展】

1.了解 GB/T 1182—1996《形状和位置公差 通则、定义、符号和图样表示方法》的相关规定。

2.列举泵送事业部需检测形状公差的零件。

3.试分析销轴尺寸精度不合格的原因,并提出解决措施。

项目八
平面度、平行度、垂直度的检测

任务一　平面度的检测

【知识目标】

 ➢ 看懂阀块图纸和技术要求；
 ➢ 掌握平面度的基本概念；
 ➢ 掌握平面度的检测方法和步骤；
 ➢ 掌握基准平台、千分表、可调支承、游标卡尺等量仪的使用方法。

【能力目标】

 ➢ 掌握用指示法和水平量仪测量平面度的方法和步骤。

【任务描述】

　　了解阀块的材料、功用，理解平面度的含义，掌握阀块检测中平面度的方法和一般步骤，完成图 8 - 1 阀块中的平面度检测。

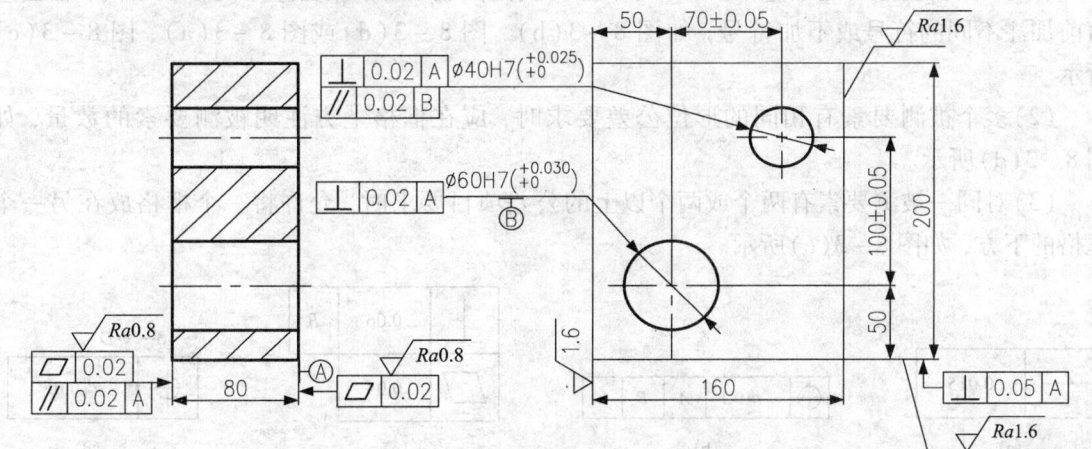

图 8 - 1　阀块

【知识拓展】

一、形位公差的标注方法

对零件的几何要素有形位公差要求时,应在设计图样上,按国标规定,用形位公差框格、基准符号和指引线进行标注,如图 8 - 2 所示。

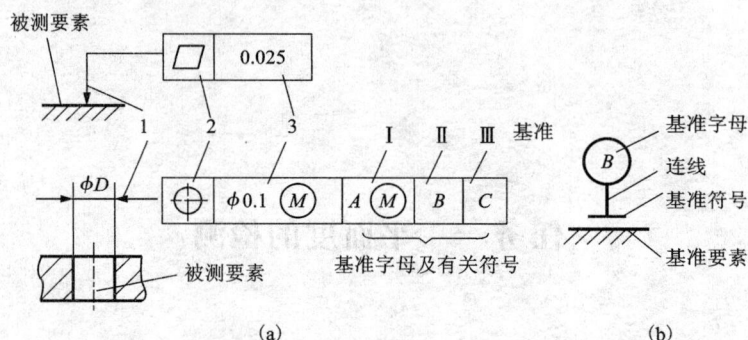

图 8 - 2 形位公差框格及其基准代号
1—指引线箭头;2—项目符号;3—形位公差值

1.形位公差框格

如图 8 - 3 所示,形位公差框格由二至五格组成。形状公差一般为两格,位置公差可为二至五格。在零件图样上只能沿水平或垂直放置。框格中从左到右或从下到上依次填写下列内容:

第一格:形位公差特征项目符号。

第二格:形位公差值及附加要求。

第三格:基准字母(没有基准的形状公差框格只有前两格)。

填写公差框格应注意以下几点:

(1)形位公差值均是以毫米(mm)为单位的线性值表示,根据公差带的形状不同,在公差值前加注不同的符号或不加符号,如图 8 - 3(b)、图 8 - 3(d)或图 8 - 3(a)、图 8 - 3(c)所示。

(2)多个被测要素有相同的形位公差要求时,应在框格上方注明被测要素的数量,如图 8 - 3(d)所示。

(3)对同一被测要素有两个或两个以上的公差项目要求时,允许将一个框格放在另一个框格的下方,如图 8 - 3(c)所示。

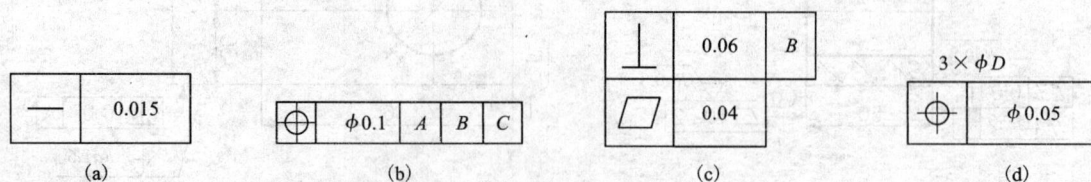

图 8 - 3 形位公差框格

（4）对被测要素的形状在公差带内有进一步的限定要求时，应在公差值后面加注相应的符号，如表8-1所示。

表8-1　形位公差标注中的附加符号

含义	符号	举例
只许中间向材料内凹	（-）	─ | t(-)
只许中间向材料外凸起	（+）	⟋ | t(+)
只许从左至右减小	（▷）	⬦ | t(▷)
只许从右至左减小	（◁）	⬦ | t(◁)

2. 被测要素的标注

用带箭头的指引线将公差框格与被测要素相连来标注被测要素。指引线与框格的连接可采用图8-4(a)、图8-4(b)、图8-4(c)所示的方法，指引线由框格中部引出，也可采用图8-4(d)所示的方法。

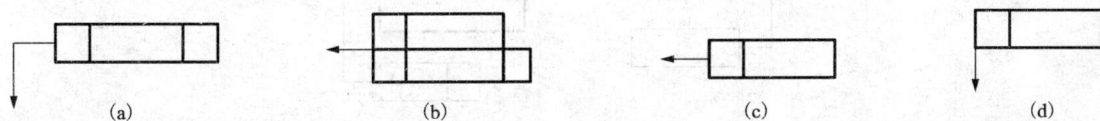

　　(a)　　　　　　　　(b)　　　　　　　　(c)　　　　　　　　(d)

图8-4　指引线与形位公差框格的连线

指引线从形位公差框格引出指向被测要素，中间可以弯折，但不得多于两次，指引线箭头方向应垂直于被测要素，即与公差带的宽度或直径方向相同，该方向也是形位误差的测量方向。不同的被测要素，箭头的指示位置也不同。

（1）被测要素为轮廓要素时，箭头应直接指向被测要素或其延长线，并且与相应轮廓的尺寸线明显错开，如图8-5(a)所示。

（2）被测要素为某要素的局部要素，而且在视图上表现为轮廓线时，可用粗点画线表示出被测范围，箭头指向点画线，如图8-5(b)所示。

（3）被测要素为视图上的局部表面时，可用带圆点的参考线指明被测要素（圆点应在被测表面上），而将指引线的箭头指向参考线，如图8-5(c)所示。

（4）被测要素为圆柱中心要素时，箭头应与相应轮廓尺寸线对齐，如图8-5(d)所示。

（5）当被测要素为轴线、球心或中心平面时，指引线的箭头应与该要素的尺寸线对齐，如图8-6所示。

（6）当被测要素为圆锥体轴线时，指引线箭头应与圆锥体的直径尺寸线（大端或小端）对齐，如图8-7所示。如果直径尺寸线不能明显地区别圆锥体或圆柱体时，则应在圆锥体里画出空白尺寸线，并将指引线的箭头与空白尺寸线对齐，如图8-7(b)所示。如果锥体是使用

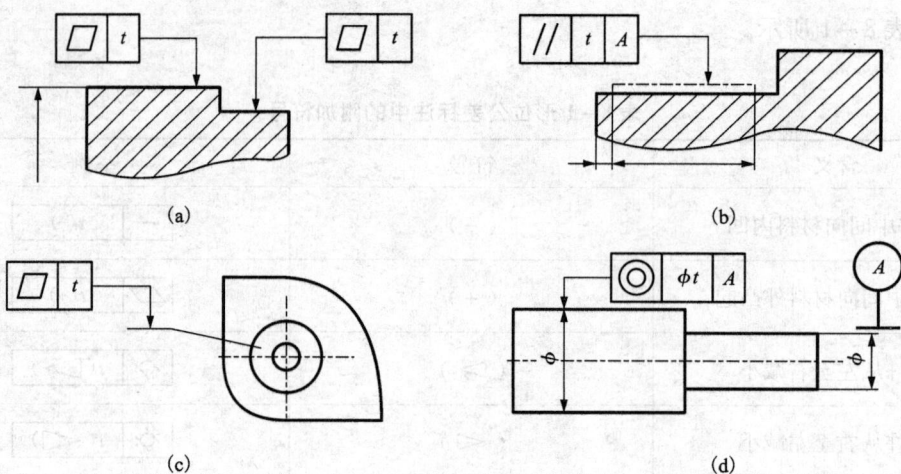

图 8 - 5　被测要素——轮廓线

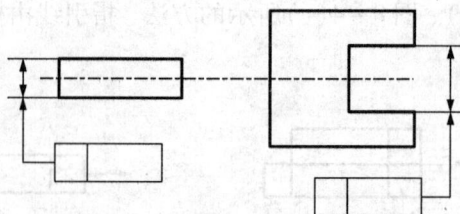

图 8 - 6　被测要素——轴线、中心线

角度尺寸标注时，则指引线的箭头应对着角度尺寸线，如图 8 - 7(c)所示。

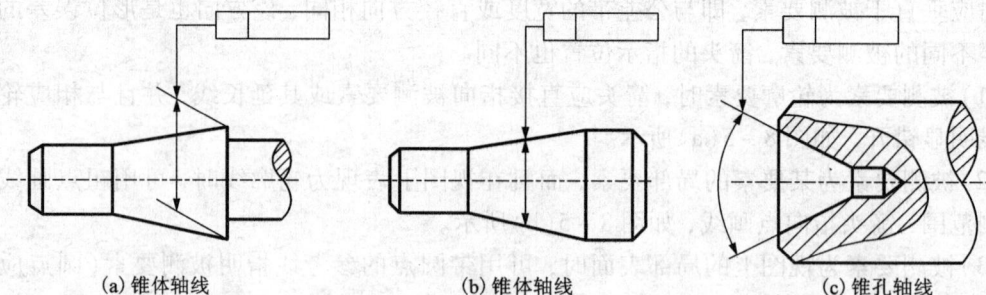

(a) 锥体轴线　　　　　　(b) 锥体轴线　　　　　　(c) 锥孔轴线

图 8 - 7　被测要素——圆锥体

　　(7)当被测要素为螺纹中径时，在图样中画出中径，指引线箭头应与中径尺寸线对齐，如图 8 - 8(a)所示。如果图样中未画出中径，指引线箭头可与螺纹尺寸线对齐，如图 8 - 8(b)所示，但其被测要素仍为螺纹中径轴线。

　　当被测要素不是螺纹中径时，则应在框格下面附加说明。若被测要素是螺纹大径轴线

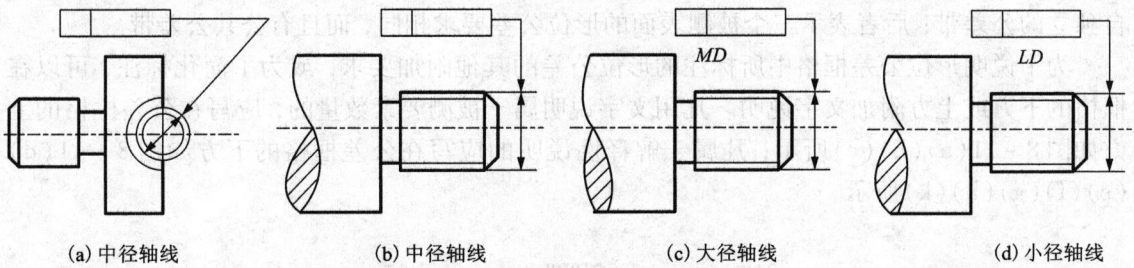

(a)中径轴线　　(b)中径轴线　　(c)大径轴线　　(d)小径轴线

图8-8　被测要素——螺纹轴线

时，则应用 *MD* 表示，如图8-8(c)所示；若被测要素是螺纹小径轴线时，则应用 *LD* 表示，如图8-8(d)所示。

(8)当同一被测要素有多项形位公差要求，其标注方法又一致时，可以将这些框格绘制在一起，只画一条指引线如图8-9所示。

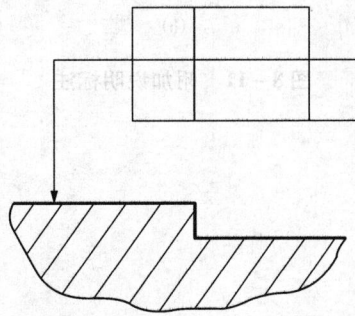

图8-9　同一被测要素有多项形位公差要求

(9)对几个表面有同一数值的相同的形位公差要求时，可以从框格引出的指引线上画出多个指引箭头，并分别指向各被测要素。其表示法可按图8-10(a)、图8-10(b)所示。

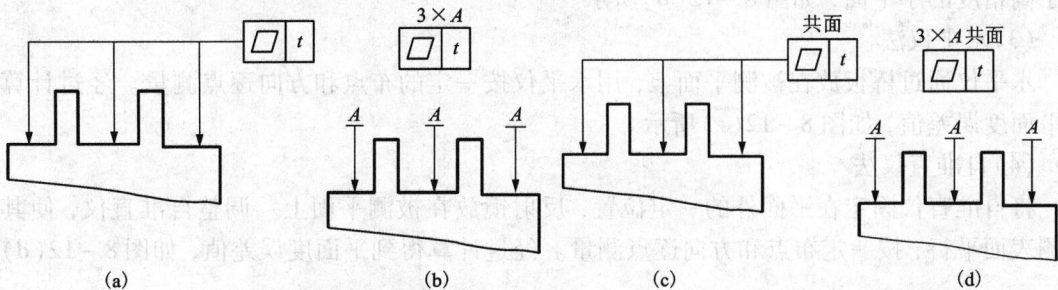

(a)　　　　　　(b)　　　　　　(c)　　　　　　(d)

图8-10　多个被测要素有相同形位公差要求或标注位置受限时被测要素的标注

(10)用同一公差带控制几个被测要素时，应在公差框格上注明"共面"或"共线"，如图8-10(b)、图8-10(d)所示。值得注意的是，图8-10(a)、图8-10(b)和图8-10(c)、

图 8 – 10(d)所表示的意义是不同的。前者表示三个被测表面的形位公差要求相同,但有各自独立的公差带;后者表示三个被测表面的形位公差要求相同,而且有公共公差带。

为了说明形位公差框格中所标注的形位公差的其他附加要求,或为了简化标注,可以在框格的下方或上方附加文字说明。凡用文字说明属于被测要素数量的,应写在公差框格的上方如图 8 – 11(a)(b)(c)所示;凡属于解释性说明的应写在公差框格的下方如图 8 – 11(d)(e)(f)(g)(h)(k)所示。

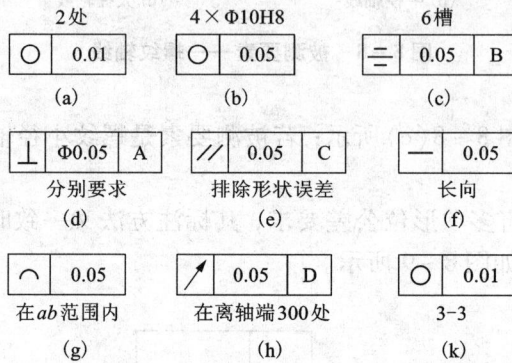

图 8 – 11　附加说明标注

二、平面度误差的测量

1. 常见的平面度测量方法

（1）指示法

将被测零件支承在平板上,将被测平面上两对角线的角点通过可调支承分别调成等高或最远的三点调成距测量平板等高,按一定布点测量被测表面。指示器上最大与最小读数之差即为该平面的平面度误差近似值,如图 8 – 12(a)所示。

（2）平晶法

将平晶紧贴在被测平面上,由产生的干涉条纹,经过计算得到平面度误差值。此方法适用于高精度的小平面,如图 8 – 12(b)所示。

（3）水平仪法

水平仪通过桥板放在被测平面上,用水平仪按一定的布点和方向逐点测量。经过计算得到平面度误差值,如图 8 – 12(c)所示。

（4）自准直仪法

将自准直仪固定在平面外的一定位置,反射镜放在被测平面上。调整自准直仪,使其和被测表面平行,按一定布点和方向逐点测量。经过计算得到平面度误差值,如图 8 – 12(d)所示。

图 8 – 12(c)、图 8 – 12(d)的读数要整理成对测量基准平面[图 8 – 12(c)为水平面、图 8 – 12(d)为光轴平面]距离值,由于被测实际平面的最小包容区域(两平行平面)一般不平行基准平面,所以一般不能用最大和最小距离值差值的绝对值作为平面度最小包容区域法误差值。为了求得此值,就必须旋转测量基准平面使之和最小包容区域方向平行,此时原来距

94

离读数值就要按坐标变换原理增减。

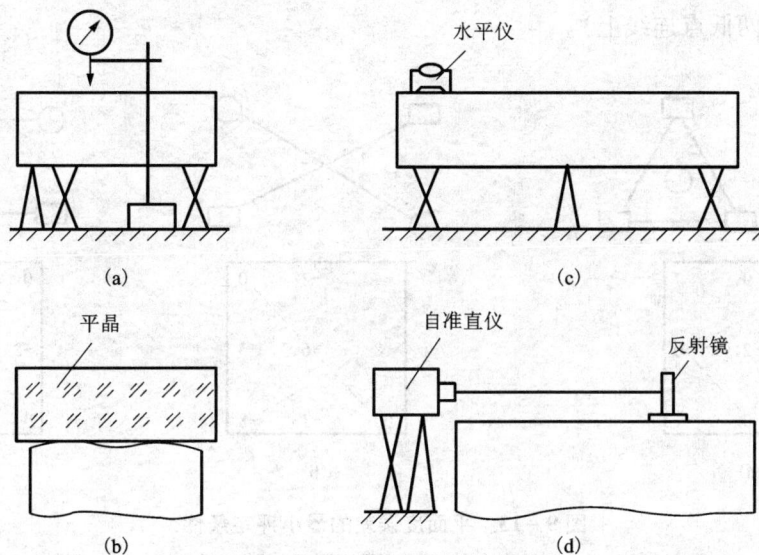

图 8 – 12　平面度误差的测量
(a)指示法；(b)平晶法；(c)水平仪法；(d)自直准仪法

2.平面度误差测量的步骤

方法一：指示法

(1)将阀块被测表面按一定方式划好网格(三行三列，共九个测点)，用可调支承在基准平板上，大致调平阀块，如图 8 – 12(a)所示；

(2)用千分表依次测量各点，并记录各点的值(注意数值的正负号)；

(3)对数据进行处理分析，得出平面度误差。

方法二：水平仪法

(1)将阀块被测表面按一定方式划好网格(三行三列，共九个测点)，用可调支承在基准平板上，大致调平阀块，如图 8 – 12(b)所示；

(2)将水平仪通过桥板放在被测平面上，用水平仪按一定的布点和方向逐点测量，并记录各点的值(注意数值的正负号)；

(3)对数据进行处理分析，得出平面度误差。

3.平面度误差测量数据的处理

平板平面度的测量是按网格布点法测量平板上具有代表性的点，用计算法或作图法求出平板的平面度误差。平面度误差的评定方法有最小区域法、对角线法和三点法。

(1)最小区域法

最小区域法是指按最小包容区域的宽度 f 评定平面度误差值的方法。

平面度最小包容区域法判别准则：由两平行平面包容实际被测表面时，至少有三点或四点相接触，且具有下列三种形式之一，属最小包容区域，如图 8 – 13 所示。

①三角形准则。三个高点与一个低点(或三个低点与一个高点)：低点(或高点)位于三个高点(或三个低点)组成的三角形内。

②交叉准则。两个高点与两个低点：两高点投影位于两低点连线之两侧。

③直线准则。两个高点与一个低点（或两个低点与一个高点）：低点投影位于两高点连线上（或高点位于两低点连线上）。

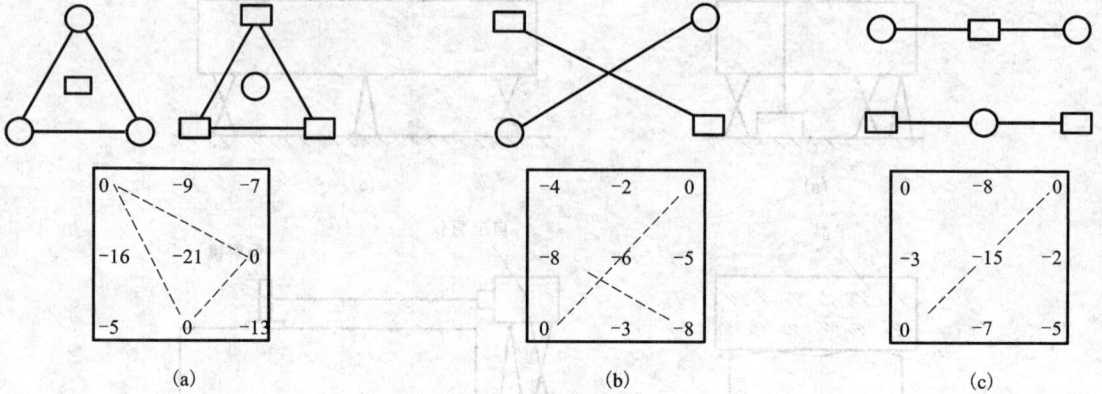

图8－13　平面度误差的最小评定条件
（a）三角形准则；（b）交叉准则；（c）直线准则

（2）对角线法

对角线法是以通过被测实际表面的一条对角点连线且平行于另一条对角点连线的平面建立理想平面，各测点对此平面的偏差中最大正值与最大负值的绝对值之和，作为被测表面的平面度误差值。

（3）三点法

三点法是以通过被测实际表面上相距最远且不在一条直线上的三点建立理想平面，各被测点对此平面的偏差中大正值与最大负值的绝对值之和，作为被测表面的平面度误差值。

当测量不是特别严格时，可以使用对角线法处理数据。对角线法步骤如下：选择旋转轴，使旋转后，其中一条对角线的两对角数相等（最好为零）；按平面上的点在旋转中成线性比例升或降的规则，调整各测点的读数；为保持原已相等的对角线值不变，选择该对角线为旋转轴，旋转平面，使另一条对角线读数相等；在平面内取最高点（最大读数值）与最低点（最小读数）之间的距离作为平面度误差，如图8－14所示，平面度误差为9 μm。

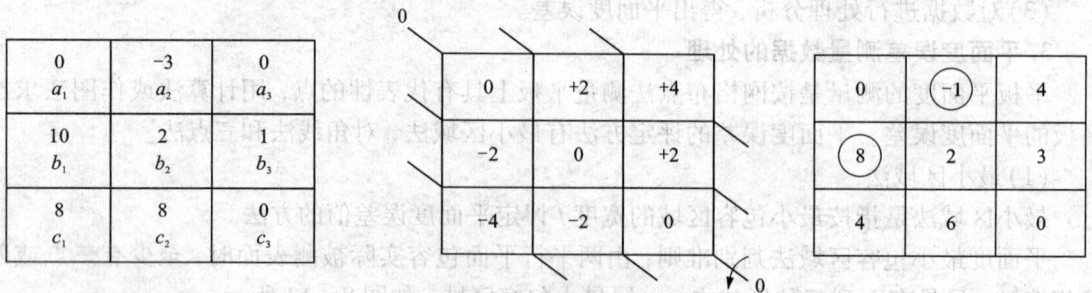

图8－14　对角线法处理数据

96

【任务实施】

1. 用指示器和水平仪分别检测阀块的平面度。
2. 记录测量数据，填写实验报表。
3. 收集测量数据，对阀块进行质量分析，并根据验收极限判断其合格与否。

【任务考核】

根据任务要求完成阀块的平面度检测，并填写实验报表。

被测零件	名称	公差标注	最大极限尺寸	最小极限尺寸	尺寸公差

计量器具	名称	测量范围	示值范围		分度值

测量简图	

测量数据	实际尺寸	
	指示器测量	水平仪测量
第 1 次测量		
第 2 次测量		
第 3 次测量		
第 4 次测量		
第 5 次测量		
合格性判断		
实训心得		

班级	姓名	学 号	审核老师	成绩	日期	

【思考与拓展】

1. 了解 GB 1958—1980《形状和位置公差检测规定》的相关规定。
2. 列举泵送事业部需检测位置公差的零件。
3. 试分析阀块平面度不合格的原因，并提出解决措施。

任务二　平行度的检测

【知识目标】

➤ 掌握平行度的基本概念；
➤ 掌握平行度的检测方法和步骤；
➤ 掌握基准平台、千分表、可调支承、标准心轴、游标卡尺等量仪的使用方法。

【能力目标】

➤ 掌握用调整找正法测量平行度的方法和步骤。

【任务描述】

理解平行度的含义，掌握阀块检测中平行度的检测方法和一般步骤，完成图 8 - 1 阀块零件平行度的检测。

【知识拓展】

一、形位公差的标注方法

1. 基准要素的标注

对于有位置公差要求的被测要素，它的方向和位置是由基准要素来确定的。如果没有基准，显然被测要素的方向和位置就无法确定。可见，在识读和使用位置公差时，不仅要知道被测要素，还需要知道基准要素。因此，对关联被测要素的位置公差必须注明基准。国标中规定，在图样上基准要素是用基准符号表示，代表基准的字母用大写的英文字母（为不引起误解，其中 E、I、J、M、Q、O、P、L、F 等 9 个字母不用）表示。基准代号如图 8 - 15 所示，基准标注中圆圈内的基准字母应与形位公差框格中相应的基准字母对应，且不论代号在图样中的方向如何，圆圈内的字母均应水平书写。

当以轮廓要素为基准时，基准符号应靠近基准要素的轮廓线或其延长线，且与轮廓的尺寸线明显错开，如图 8 - 15(a)所示。当以中心要素为基准时，基准连线应与相应的轮廓要素的尺寸线对齐，如图 8 - 15(b)所示。

（1）用基准符号标注基准要素

当基准要素是轮廓线或表面时，带有字母的短横线应置于轮廓线或它的延长线上，应与尺寸线明显地错开，如图 8 - 16(a)。基准符号还可以置于用圆点指向实际表面的参考线上如图 8 - 16(b)。当基准要素是轴线、中心平面或由带尺寸的要素确定的点时，则基准符号中的连线与尺寸线对齐如图 8 - 16(c)。若尺寸线处布置不下两个箭头可用短线代替如图 8 - 16(d)。

（2）任选基准的标注

有时对相关要素不指定基准如图 8 - 17 所示，这种情况称为任选基准标注，也就是在测

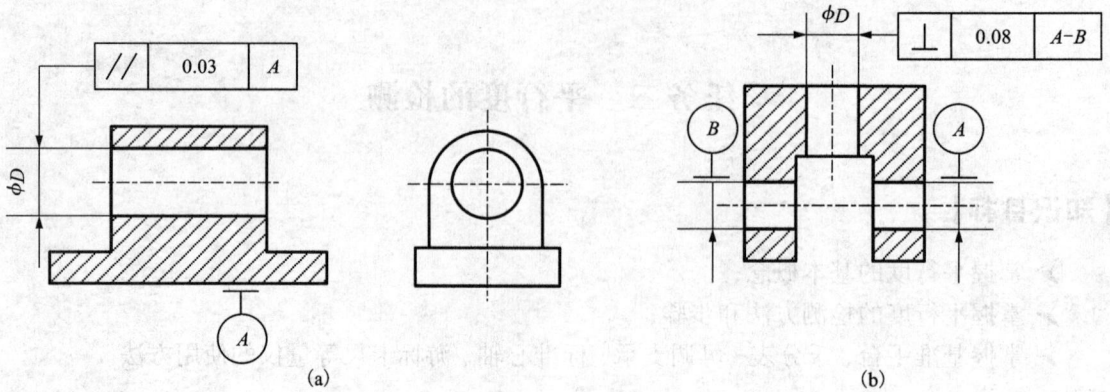

图 8 – 15　基准要素的标注

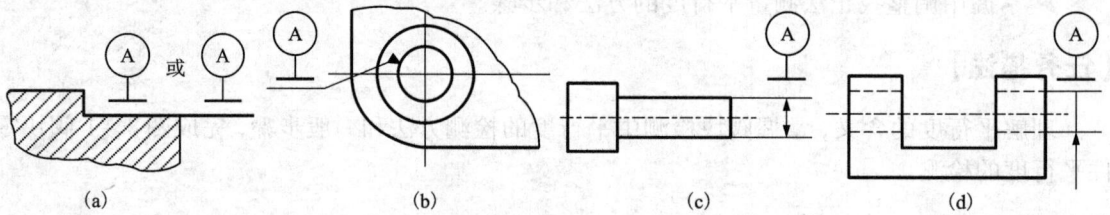

图 8 – 16　基准的标注

量时可以任选其中一个要素为基准。

（3）检测要素与基准要素

在位置公差标注中，被测要素用指引箭头确定，而基准要素由基准符号表示，如图 8 – 18
所示。

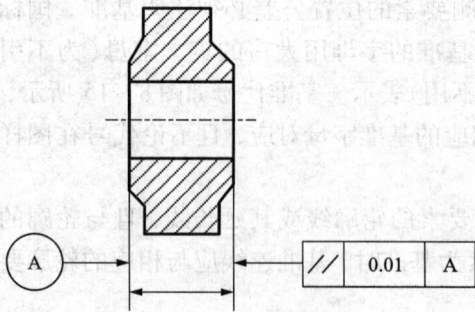

图 8 – 17　任选基准标注

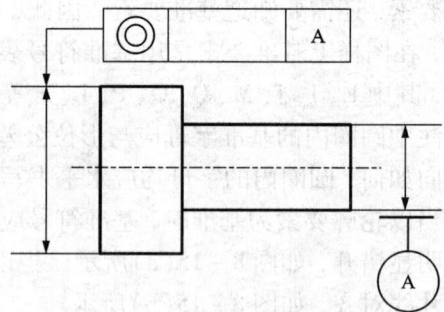

图 8 – 18　基准符号表示基准要素

2. 形位公差数值的标注

形位公差数值是形位误差最大允许值，其数值都是指线性值，这是由公差带定义所决定
的。国标中规定，形位公差值在图样上的标注应填写在公差框格第二格内。给出的公差值一
般是指被测要素全长或全面积，如果仅指被测要素某一部分，则要在图样上用粗点画线表示
出要求的范围，如图 8 – 5（b）所示。

如果形位公差值是指被测要素任意长度（或范围），可在公差值框格里填写相应的数值。

例如,图 8 - 19(a)表示在任意 200 mm 长度内,直线度公差为 0.02 mm;图 8 - 19(b)表示被测要素全长的直线度为 0.05 mm,而在任意 200 mm 长度内直线度公差为 0.02 mm;图 8 - 19(c)表示被测要素上任意 100 mm × 100 mm 的正方形面积上,平面度公差为 0.05 mm。

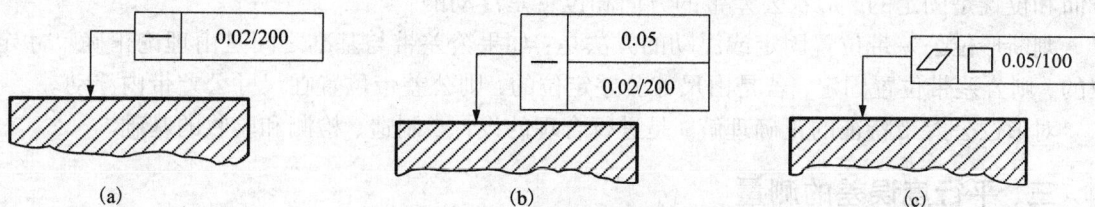

图 8 - 19 被测要素任意长度标注要素

二、形位公差的意义和特征

随使用场合的不同,形位公差通常具有两个意义:其一,形位公差是一个数值,零件合格的条件是误差 $f \leqslant$ 公差 t;其二,形位公差是一个以理想要素为边界的平面或空间区域(形位公差带),要求实际要素处处不得超出该区域。

形位公差带是用来限制被测实际要素变动的区域,具有形状、大小、方向和位置四个要素,只要被测实际要素完全落在给定的公差带内,就表示其形状和位置符合设计要求。形位公差带的形状由被测要素的理想形状和给定的公差特征所决定,其形状有如图 8 - 20 所示的几种。形位公差带的大小由形位公差值 t 确定,指的是公差带的宽度或直径等。

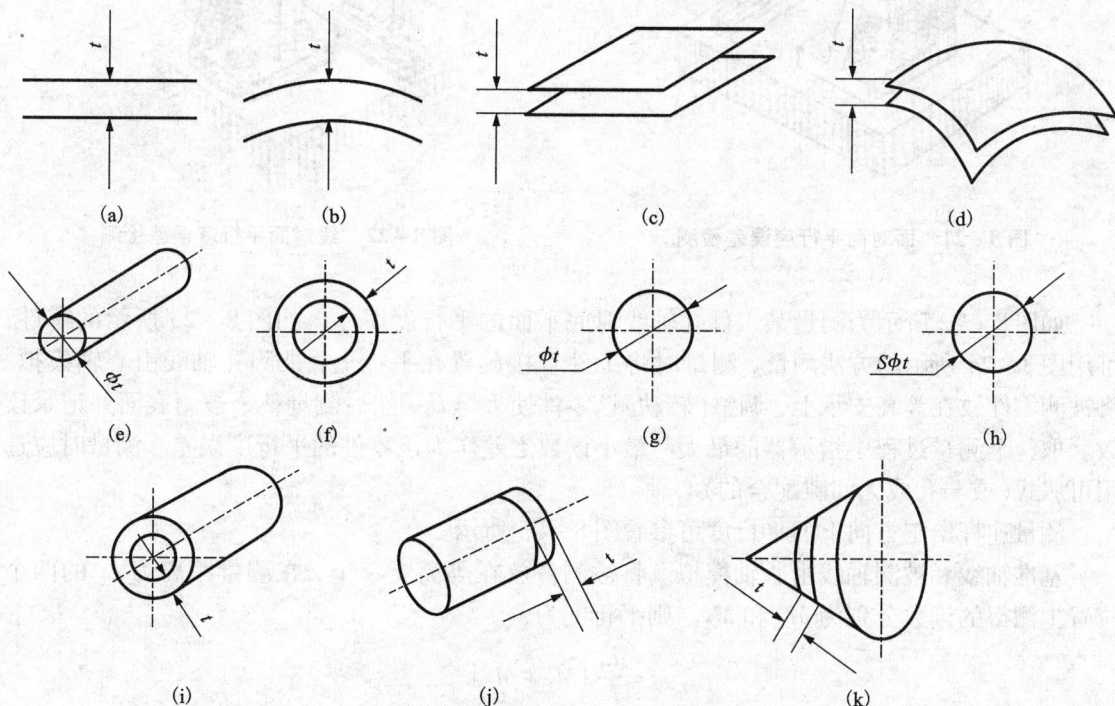

图 8 - 20 形位公差带的形状

(a)两平行直线;(b)两等距曲线;(c)两平行平面;(d)两等距曲面;(e)圆柱面;(f)两同心圆;
(g)一个圆;(h)一个球;(i)两同心圆柱面;(j)一段圆柱面;(k)一段圆锥面

形位公差带的方向和位置有两种情况：公差带的方向或位置可以随实际被测要素的变动而变动，没有对其他要素保持一定几何关系的要求，这时公差带的方向或位置是浮动的；若形位公差带的方向或位置必须和基准保持一定的几何关系，则称为是固定的。定位公差带的方向和位置是固定的，形状公差带的方向和位置是浮动的。

判断形位公差带位置固定或浮动的方法是：如果公差带与基准之间是由理论正确尺寸定位的，则公差带位置固定；若是由尺寸公差定位的，则公差带位置在尺寸公差带内浮动。

对形位公差带特征的正确理解，是进行合理的设计、制造、检测和验收的基础。

三、平行度误差的测量

1. 平行度误差的测量

平行度误差的检测方法，通常用平板、心轴或 V 形块模拟平面、孔或轴做基准，然后测量被测线、面上的各点到基准的距离之差，以最大相对差作为平行度误差。

如图 8 - 21 所示为用指示表测量面对面的平行度误差。测量时将工件放置在平板上，用指示表测量被测平面上各点，指示表的最大与最小读数之差即为该工件的平行度误差。

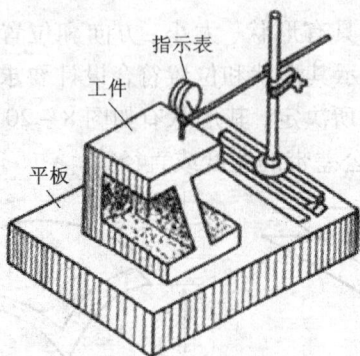

图 8 - 21　面对面平行度误差检测　　　　　图 8 - 22　线对面平行度误差检测

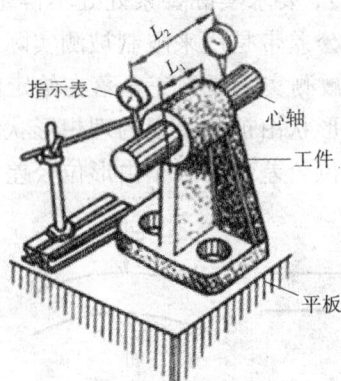

如图 8 - 22 所示为测量某工件孔轴线对底平面的平行度误差。如图 8 - 23 所示的零件，可用图 8 - 24 所示的方法测量，测量时将工件直接放置在平板上，被测孔轴线由心轴模拟。将被测零件放在等高支承上，调整（转动）该零件使 $L_3 = L_4$，然后测量整个被测表面并记录读数。取整个测量过程中指示器的最大与最小读数之差作为该零件的平行度误差。测量时应选用可胀式（或与孔成无间隙配合的）心轴。

测量连杆给定方向上的平行度可参看图 8 - 25 所示。

基准轴线和被测轴线由心轴模拟。将被测件放在等高支承上，在测量距离为 L_2 的两个位置上测得的读数分别为 M_1 和 M_2。则平行度为：

$$f = \frac{L_1}{L_2} |M_1 - M_2|$$

测量时应选用可胀式（或与孔成无间隙配合的）心轴。

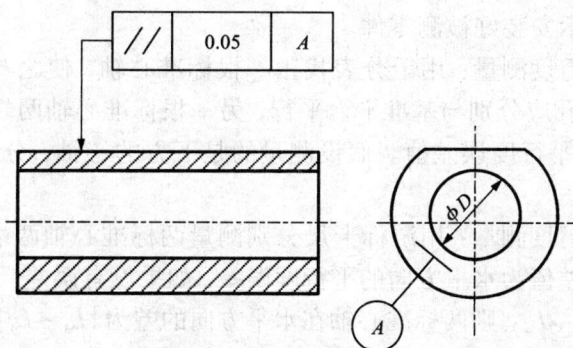

图 8-23 面对线平行度

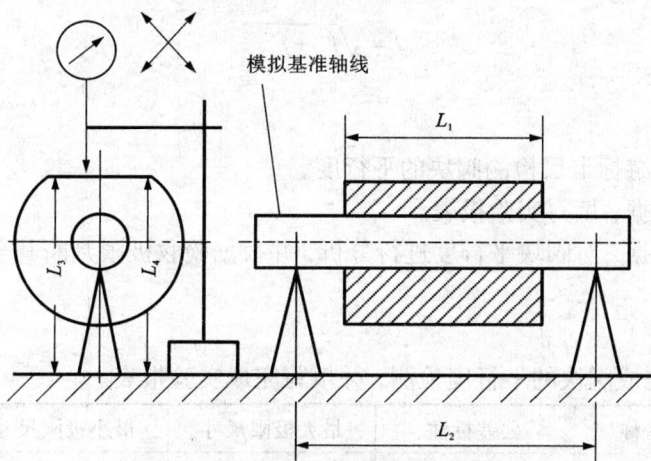

图 8-24 测量面对线的平行度误差

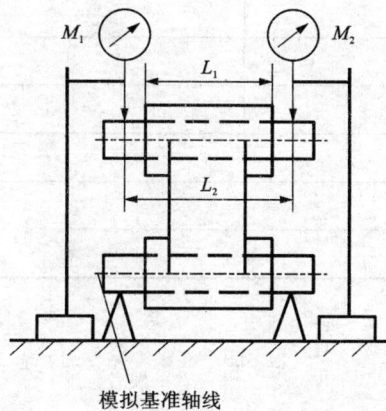

图 8-25 测量连杆两孔的平行度误差

2. 平行度误差测量的步骤

（1）按图 8-25 所示安装好被测零件。

（2）竖直方向的平行度测量：用千分表找正一根标准心轴，使之与基准平台平行，如果两孔轴平行，则阀块两孔应分别与基准平台平行，另一根标准心轴两端与平台的高度差即为两孔轴线在垂直方向的平行度误差值。假设测量的是下方的心轴，分别记作 M_C、M_D，则高度差为 $|M_C - M_D|$。

（3）水平方向的平行度测量：用游标卡尺分别测量两标准心轴两端间的距离，如果有误差，则两端距离不等，差值为水平方向的平行度误差，如果没有误差，则两测量值应该相等。假设测量值分别记作 L_3、L_4，则两标准心轴在水平方向的差为 $|L_3 - L_4|$。

（4）数据处理：按公式计算，公式为：

$$f_x = \frac{L_1}{L}|L_3 - L_4|, \quad f_y = \frac{L_1}{L}|M_C - M_D|$$

$$f = \sqrt{f_x^2 + f_y^2}$$

【任务实施】

（1）用千分表和游标卡尺检测阀块的平行度。

（2）记录测量数据，填写实验报表。

（3）收集测量数据，对阀块平行度进行分析，并根据验收极限判断其合格与否。

【任务考核】

根据任务要求完成阀块的平行度检测，并填写完成实验报表。

	名称	公差标注	最大极限尺寸	最小极限尺寸	尺寸公差
被测零件					
	名称	测量范围	示值范围		分度值
计量器具					

续上表

测量数据	实际尺寸			
	指示器测量		游标卡尺测量	
第 1 次测量				
第 2 次测量				
第 3 次测量				
第 4 次测量				
第 5 次测量				
合格性判断				
实训心得				

测量简图

班级	姓名	学号	审核老师	成绩	日期	

【思考与拓展】

1.了解 GB/T 16671—1996《形状和位置公差最大实体要求、最小实体要求和可逆要求》的相关规定。

2.列举泵送事业部需检测位置公差的零件。

3.试分析阀块平行度不合格的原因，并提出解决措施。

任务三　垂直度的检测

【知识目标】

> ➤ 掌握垂直度的基本概念；
> ➤ 掌握垂直度的检测方法和步骤；
> ➤ 掌握基准平台、标准心轴、千分表、90°标准角度尺等量仪的使用方法。

【能力目标】

> ➤ 掌握用调整找正法测量垂直度的方法和步骤。

【任务描述】

理解垂直度的含义，掌握阀块检测中垂直度的检测方法和一般步骤，完成图8-1阀块上的垂直度检测。

【知识拓展】

一、形位公差的检测原则

由于零件结构的形式多种多样，形位误差的特征项目比较多，加上被测要素的形状以及在零件上所处的位置不同，所以其检测方法也是多种多样的。为了能够正确地检测形位误差，便于合理地选择测量方法、量具和量仪，国标（GB 1958—1980）列出了100多种检测方案，并就其原理可将其归纳为五大类，即通常所称的五大原则。

1. 与理想要素比较的原则

与理想要素比较的原则是将被测实际要素与理想要素进行比较，在比较过程中获得数据，量值由直接或间接测量方法获得，理想要素用模拟方法获得，再按这些数据来评定形位误差。

使用此原则所测得的结果与规定的误差定义一致，是一种检测形位误差的基本原则。实际上，大多数形位误差的检测都应用这个原则。检测方法如图8-26所示。

应用该检测原则时，理想要素可用不同的方法体现。例如用实物体现，像刀口尺的刃口、平尺的工作面、一条拉紧的钢丝绳、平台和平板的工作面以及样板的轮廓等都可作为理想要素。如图8-27所示为用刀口尺测量直线度误差，是以刃口作为理想直线，被测直线与之比较，根据光隙大小或用厚薄规（塞尺）测量来确定直线度误差。

理想要素也可用运动轨迹来体现。如图8-28所示为用圆度仪测量圆度误差，是以一个精密回转轴上的一个点（测头）在回转中所形成的轨迹（即产生的理想圆）为理想要素，被测圆与之比较求得圆度误差。

106

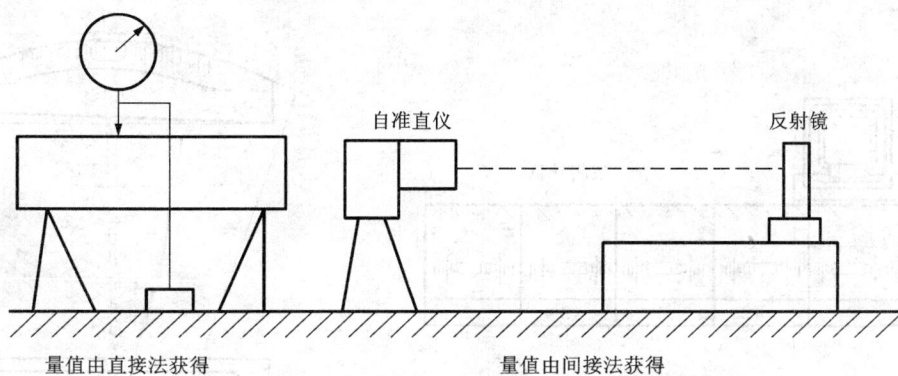

图 8 – 26 与理想要素比较原则

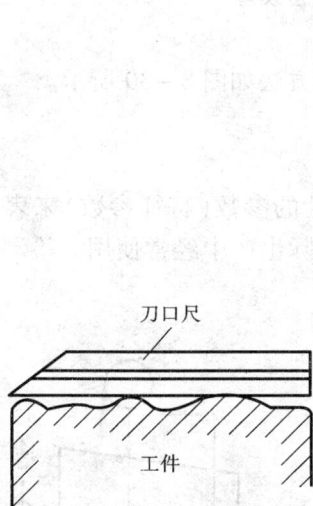

图 8 – 27 用刀口尺测量直线度误差

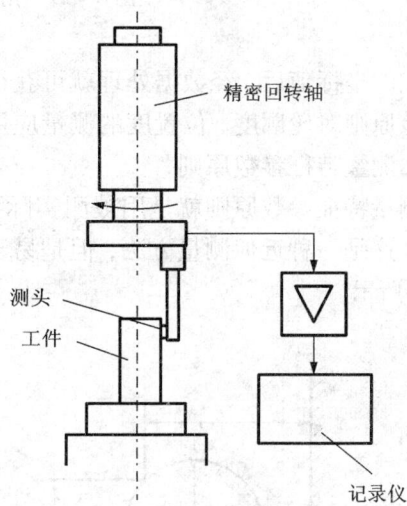

图 8 – 28 用圆度仪测量圆度误差

根据光隙大小或用厚薄规(塞尺)测量来确定直线度误差。

理想要素还可以用一束光线、水平线(面)来体现。如用水平仪测量导轨直线度误差。

水平仪是一种测量小角度变化量的常用量具,它的主要工作部分是水准器。当水准器处于水平时,水准器内的气泡处于玻璃管刻度的正中间。若水准器倾斜一个角度,气泡要偏离中间位置,移过的格数与倾斜的角度成正比,如图 8 – 29 所示,故可以从气泡偏离中间位置的大小来测量其倾斜程度。

2.测量坐标值原则

测量坐标值原则就是测量被测实际要素的坐标值(如直角坐标值、极坐标值、圆柱面坐标值),并经过数字处理获得的形位误差值。这项原则适用于测量形状复杂的表面,它的数字处理工作比较复杂。无论是平面的,还是空间的被测要素,它们的几何特征总是可以在适当的坐标系中反映出来,因此用坐标测量装置(如三坐标测量机、工具显微镜等)测得被测要

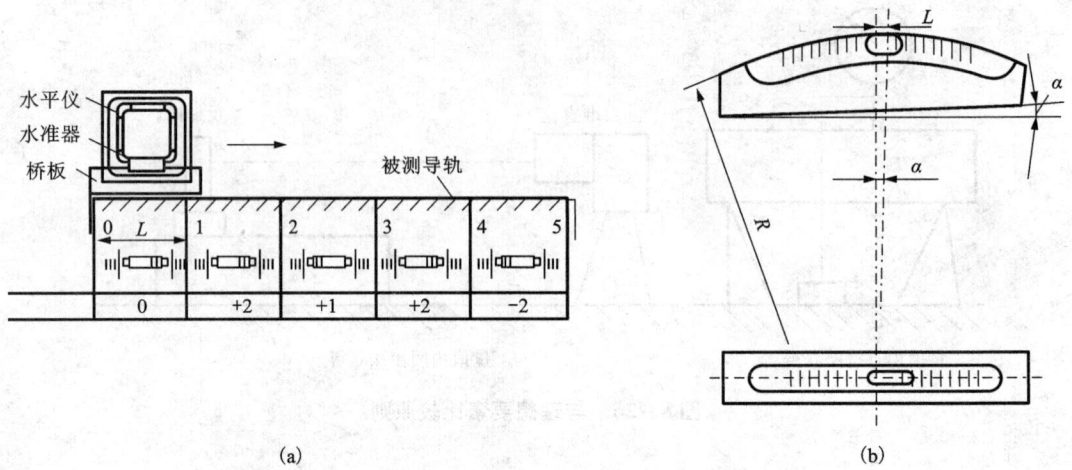

图 8 - 29　用水平仪测量导轨直线度误差

素各点的坐标值后，经数据处理就可获得形位误差。检测方法如图 8 - 30 所示。

该原则对轮廓度、位置度的测量应用更为广泛。

3. 测量特征参数原则

测量特征参数原则就是用被测实际要素上具有代表性的参数(特征参数)来表示形位误差值。这是一种近似测量方法，但是易于实现，所以在实际生产中经常使用。检测方法如图 8 - 31 所示。

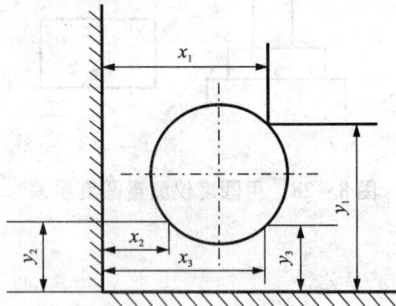

图 8 - 30　测量坐标值

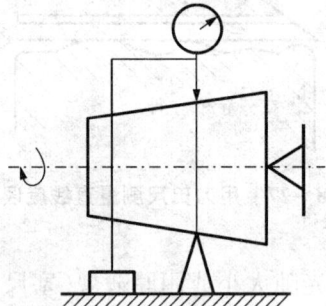

图 8 - 31　测量特征参数

例如，以平面上任意方向的最大直线度误差来近似表示该平面的平面度误差，用两点法测量圆度误差，即在一个横截面内的几个方向上测量直径，取最大、最小直径差之半作为圆度误差。

用该原则所得到的形位误差值与按定义确定的形位误差值相比，只是一个近似值。但应用该原则往往可以简化测量过程和设备，也不需要复杂的数据处理，所以在满足功能要求的情况下，采用该原则可以取得明显的经济效益。这类方法在生产现场用得较多。

4. 测量跳动原则

测量跳动原则就是被测实际要素绕基准轴线回转，在回转过程中沿给定的方向测量相对参考点或某线的变动量。变动量是指示器上最大与最小的读数值之差。这种方法使用时比较简单，但只限测量回转体形位误差。

跳动公差是按检测方法定义的，所以测量跳动的原则主要用于图样上标注了圆跳动或全跳动时误差的测量。

检测方法如图 8 – 32 所示。用 V 形架模拟基准轴线，并对零件轴向限位。在被测要素回转一周的过程中，指示器最大与最小读数之差为该截面的径向圆跳动误差；若被测要素回转的同时，指示器缓慢地轴向移动，在整个过程中指示器最大读数与最小读数之差为该工件的径向全跳动误差。

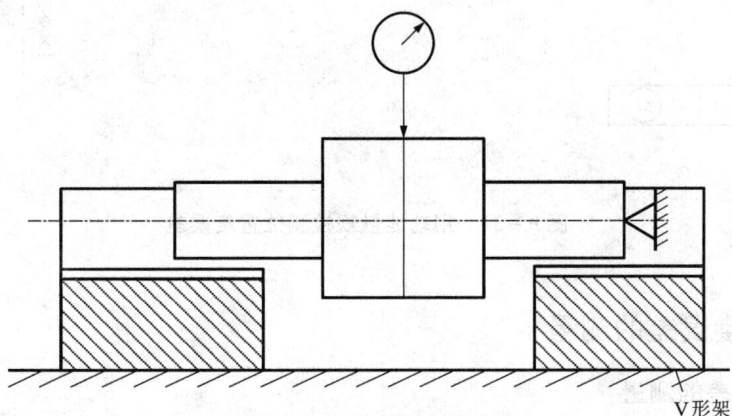

图 8 – 32　测量径向跳动

5. 控制实效边界原则

控制实效边界原则就是检验被测实际要素是否超过实效边界，以判断合格与否。一般是使用功能量规检测被测实际要素是否超越实效边界，以此判断零件是否合格。按最大实体要求（或同时采用最大实体要求及可逆要求）给出形位公差时，意味着给出了一个理想边界——最大实体实效边界，要求被测实体不得超越该边界。此原则是应用在被测要素按最大实体要求规定所给定的形位公差。检测方法如图 8 – 33 所示。

功能量规是模拟最大实体实效边界的全形量规。若被测实际要素能被功能量规通过，则表示该项形位公差要求合格。

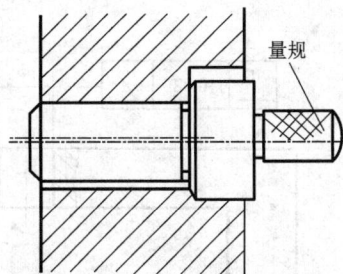

图 8 – 33　用功能量规检测同轴度

例如，图 8 – 34(a)所示零件的位置度误差可用图 8 – 34(b)所示的功能量规检测。被测孔的最大实体实效尺寸为 $\phi7.506$ mm，放置规 4 个小测量圆柱的基本尺寸为 $\phi7.506$ mm，基准要素 B 本身遵循最大实体要求，应遵循最大实体实效边界，边界尺寸为 $\phi10.015$ mm，放量规定位部分的基本尺寸也为 $\phi10.015$ mm（图中量规各部分的尺寸都是基本尺寸，实际设计量规时，还应按有关标准规定一定的公差）。检验时，量规能插入工件中，并且其端面与工件 A 面之间无间隙，工件上 4 个孔的位置度误差就是合格的。

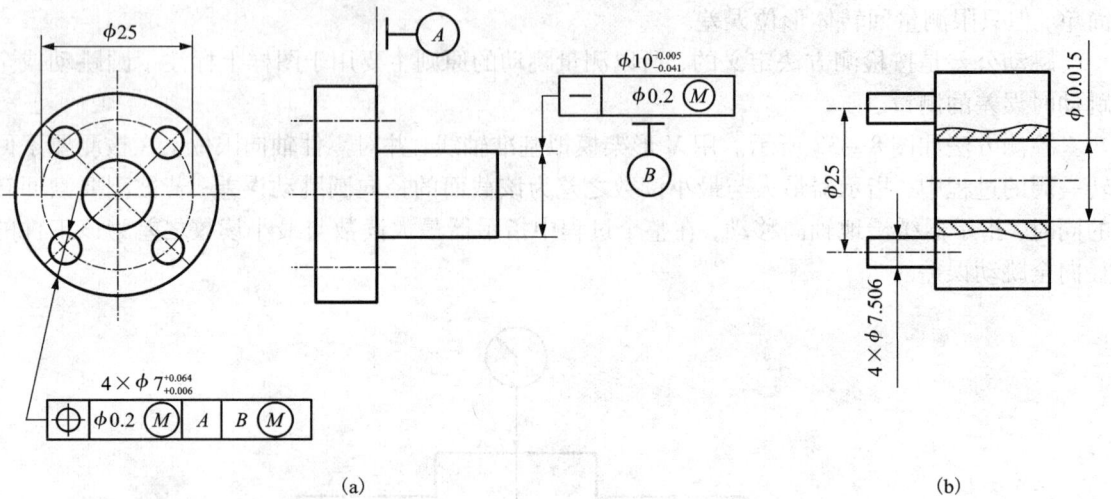

(a)　　　　　　　　　　　　(b)

图 8 – 34　用功能量规检测位置度误差

二、垂直度误差的测量

1. 垂直度误差的测量

垂直度误差常采用转换成平行度误差的方法进行检测。如测量图 8 – 35 所示的零件，可用图 8 – 36 所示的方法检测。基准轴线用一根相当于标准直角尺的心轴模拟；被测轴线用心轴模拟。转动基准心轴，在测量距离为 L_2 的两个位置上测得的数值分别为 M_1 和 M_2，则垂直度误差为：

$$f = \frac{L_1}{L_2} \mid M_1 - M_2 \mid$$

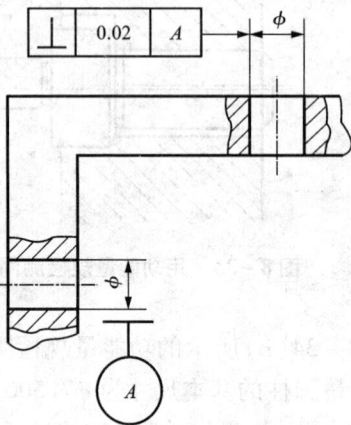

图 8 – 35　线对线的垂直度　　　　　**图 8 – 36　测量线对线的平行度误差**

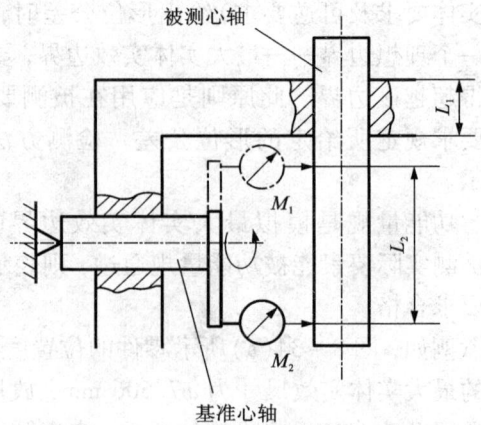

测量时被测心轴应选用可胀式(或与孔成无间隙配合的)心轴,而基准心轴应选用可转动且配合间隙小的心轴。

图 8 - 37 所示为某工件端面对孔轴线的垂直度误差。测量时将工件套在心轴上,心轴固定在 V 形架内,基准孔轴线通过心轴由 V 形架模拟,如图 8 - 38 所示。用指示表测量被测端面上各点,指示表的最大与最小读数之差即为该端面的垂直度误差。

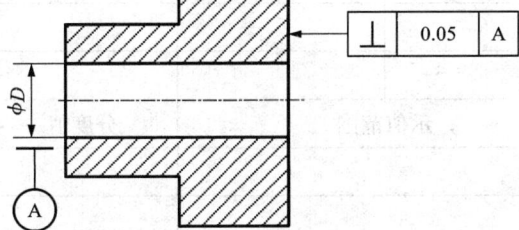

图 8 - 37　面对线的垂直度

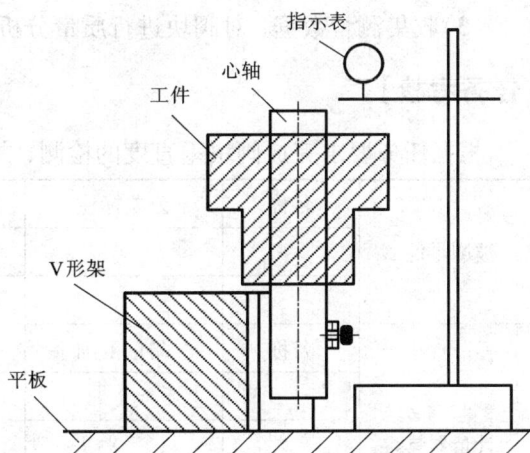

图 8 - 38　测量面对线的垂直度误差

2. 垂直度误差测量的步骤

①按图 8 - 39 所示安装好被测零件;

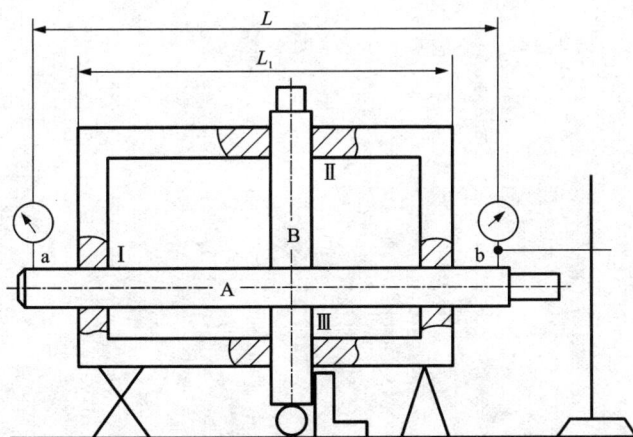

图 8 - 39　垂直度误差测量

②用 90°标准角度尺找正竖直的标准心轴 B,使之与基准平台垂直,如果两孔轴垂直,则标准心轴 A 应该与基准平台平行,标准心轴 A 两端与基准平台的高度差即为两孔轴线垂直度误差值。

③数据处理:按公式计算,公式为

111

$$f = \frac{L_1}{L} \left| M_a - M_b \right|$$

【任务实施】

（1）用千分表和游标卡尺检测阀块的垂直度。

（2）记录测量数据，填写实验报表。

（3）收集测量数据，对阀块进行质量分析，并根据验收极限判断其合格与否。

【任务考核】

根据任务要求完成阀块垂直度的检测，并填写完成实验报表。

被测零件	名称	公差标注	最大极限尺寸	最小极限尺寸	尺寸公差

计量器具	名称	测量范围	示值范围		分度值

测量简图	

112

续上表

测量数据	实际尺寸			
	指示器测量		游标卡尺测量	
第 1 次测量				
第 2 次测量				
第 3 次测量				
第 4 次测量				
第 5 次测量				
合格性判断				
实训心得				

班级	姓名	学号	审核老师	成绩	日期	

【思考与拓展】

1. 了解 GB/T 16671—1996《形状和位置公差　最大实体要求、最小实体要求和可逆要求》的相关规定。

2. 列举泵送事业部需检测位置公差的零件。

3. 试分析阀块垂直度不合格的原因，并提出解决措施。

项目九
同轴度和跳动的检测

任务一　轴类零件的同轴度检测

【知识目标】

➤ 掌握有关基准轴线、同轴度等的基本概念；
➤ 了解同轴度的一般检测方法；
➤ 掌握检测数据的分析与计算方法。

【能力目标】

➤ 具备百分表的识读、使用能力；
➤ 具备轴类零件同轴度的简易检测能力。

【任务描述】

掌握台阶轴零件同轴度的检测方法和步骤，完成图 9-1 所示同轴度的检测。

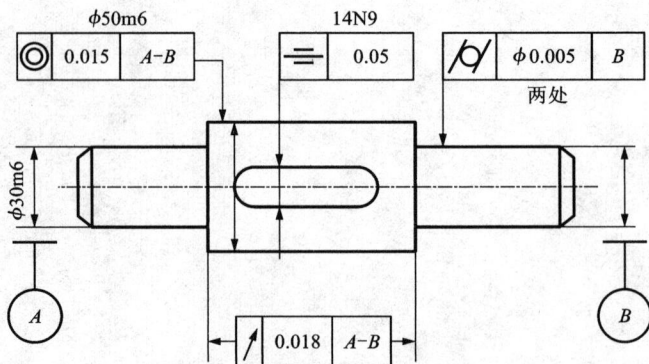

图 9-1　台阶轴的同轴度检测

【知识拓展】

一、定位公差

定位公差是关联实际要素对基准在位置上允许的变动全量。涉及基准,公差带的方向(主要是位置)是固定的。定位公差带在控制被测要素相对基准位置误差的同时,能够控制被测要素相对于基准方向误差和被测要素的形状误差。

定位公差包括同轴度、对称度和位置度。

(1)同轴度(同心度)是表示零件上被测轴线相对于基准轴线保持在同一直线上的状况。

(2)对称度是实际要素的对称中心面(或中心线、轴线)对理想对称平面所允许的变动量。

(3)位置度是零件上的点、线、面等要素相对其理想位置的准确状况。用来控制被测实际要素相对于其理想位置的变动量,其理想位置由基准和理论正确尺寸确定。

二、同轴度的相关概念

1.同轴度的定义

同轴度用于控制轴孔类零件的被测轴线对基准轴线的同轴度误差。同轴度公差带是直径为公差值 t,且与基准轴线同轴的圆柱面内的区域。如图 9-2 所示。ϕd 孔轴线必须位于直径为公差值 0.1 mm,且与基准轴线同轴的圆柱面内。

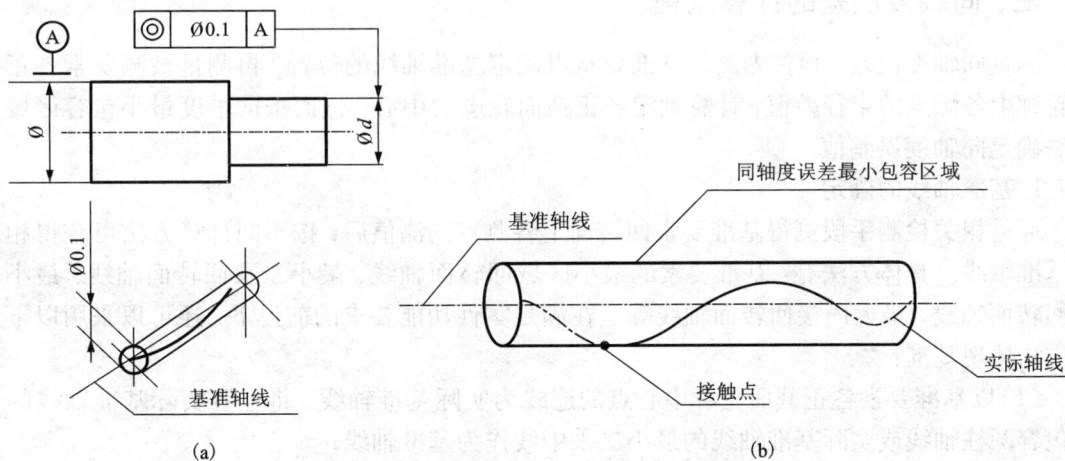

图 9-2 同轴度示意图

简单理解就是:要求在同一直线上的两根轴线,它们之间发生了多大程度的偏离,两轴的偏离通常是三种情况(基准轴线为理想的直线)的综合——被测轴线弯曲、被测轴线倾斜和被测轴线偏移。

定位最小区域圆柱面的直径即为同轴度误差值,此值等于被测实际轴线与基准轴线的最大偏离量的两倍。同轴度误差值应按定位最小区域来评定,但在满足零件功能的前提下,为使测量简化，也可测量回转体若干横截面或轴截面内各对应点相对于基准轴线的位置，取各对应点读数差中最大值作为同轴度误差。

2. 术语

（1）基准轴线

实际基准要素的回转面的理想轴线。

（2）公共基准轴线

两个或两个以上实际基准要素的回转面的理想轴线。

（3）测量参考线

在测量过程中获得测量值的参考线。

（4）正截面

垂直于理想轴线的截面。

（5）实际被测轴线

实际被测轴线为实际被测要素各正截面轮廓的中心点的连线。轮廓中心点是该轮廓的理想圆的圆心。

注：评定同轴度误差时用测量得到的轴线代替实际被测轴线。

（6）同轴度最小包容区域

以基准轴线为轴线包容实际被测轴线且具有最小直径 ϕf 的圆柱面内的区域。

（7）同轴度误差值

同轴度最小包容区域的直径。

三、同轴度误差的计算流程

测量同轴度误差，须首先测量基准要素以确定基准轴线的位置，再测量被测要素各正截面轮廓上各测点的半径差值，计算确定各正截面轮廓的中心，进而按同轴度最小包容区域判别法确定同轴度误差值。

1. 基准轴线的确定

通过相关检测手段测得基准要素回转面上各测点的测值后，按不同计算方法可获得相应的基准轴线。具体方法有：基准要素的最小区域回转面轴线、最小二乘回转面轴线、最小外接回转面轴线、最大内接回转面轴线等。在满足零件功能要求的前提下，还可以采用以下近似方法体现基准：

（1）以基准要素各正截面轮廓中心点的连线为实际基准轴线，将包容实际基准轴线的最小包容圆柱轴线或实际基准轴线的最小二乘中线作为基准轴线；

（2）以基准要素两端正截面轮廓中心点的连线作为基准轴线；

（3）以测量参考线为模拟基准轴线，如以顶尖支承回转轴线或 V 形架支承回转轴线模拟基准轴线；

（4）采用具有足够精确形状的回转表面来体现基准轴线，如可胀式或与孔（或轴）形成无间隙配合的圆柱形心轴（或套筒）的轴线。

2. 实际被测要素各正截面轮廓中心点坐标的确定

在测得被测要素某一正截面轮廓上各测点半径差值 Δr_i（$i = 1, 2, \cdots, n$。n 为测点数）后，可按不同的方法确定轮廓中心坐标，如图 9 - 3 所示。

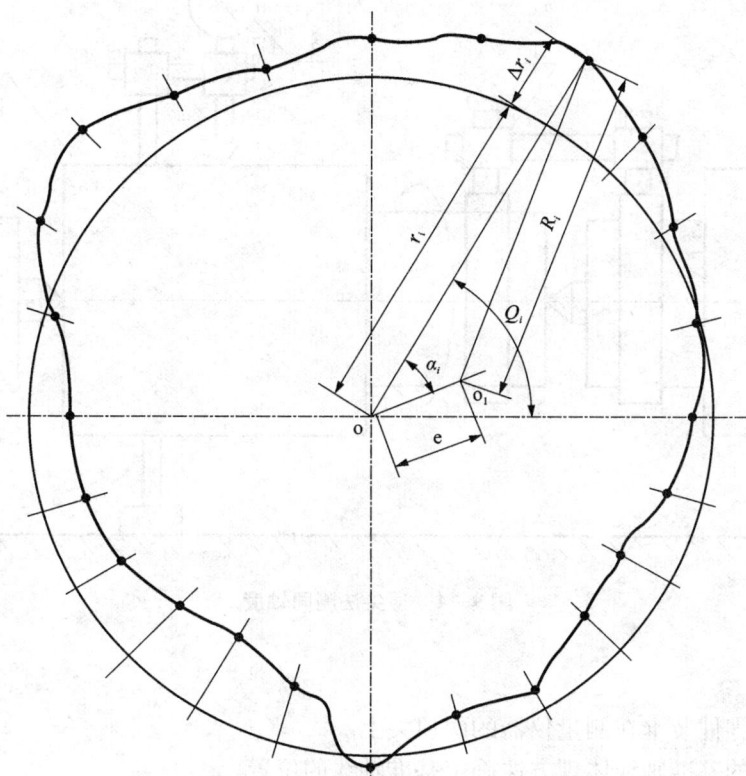

图9-3　实际被测要素截面轮廓中心点

具体方法有：最小区域法、最小外接圆法、最大内接圆法等。

3. 同轴度误差值的计算

（1）按式（9-1）计算实际被测轴线上各点到基准轴线的径向距离 d_i（$i=1, 2, \cdots, m$。m 为被测实际轴线上的测量点数）。

$$d_i = \left[(X_i - x_i)^2 + (Y_i - y_i)^2 \right]^{1/2} \tag{9-1}$$

式中：X_i、Y_i——被测实际轴线上各点的横坐标、纵坐标；

x_i、y_i——按一定方法确定的基准轴线上各相应点（$z_i = Z_i$ 时）的坐标。

（2）取 d_i 中的最大值的两倍 $2d_{max}$ 即为同轴度误差值 ϕf。

四、同轴度的检测方法

1. 检测方法分类

同轴度误差检测方法有：回转轴线法、准直法（瞄靶法）、坐标法、顶尖法、V形架法、模拟法、量规检验法等。各种检测方法的测量精度有所不同，具体由所用测量仪器的精度、基准轴线的确定方法及数据处理方法决定。

2. 顶尖法测同轴度

本方法适用于轴类零件及盘套类零件（加配带中心孔的心轴）的同轴度误差测量。如图 9-4 所示。

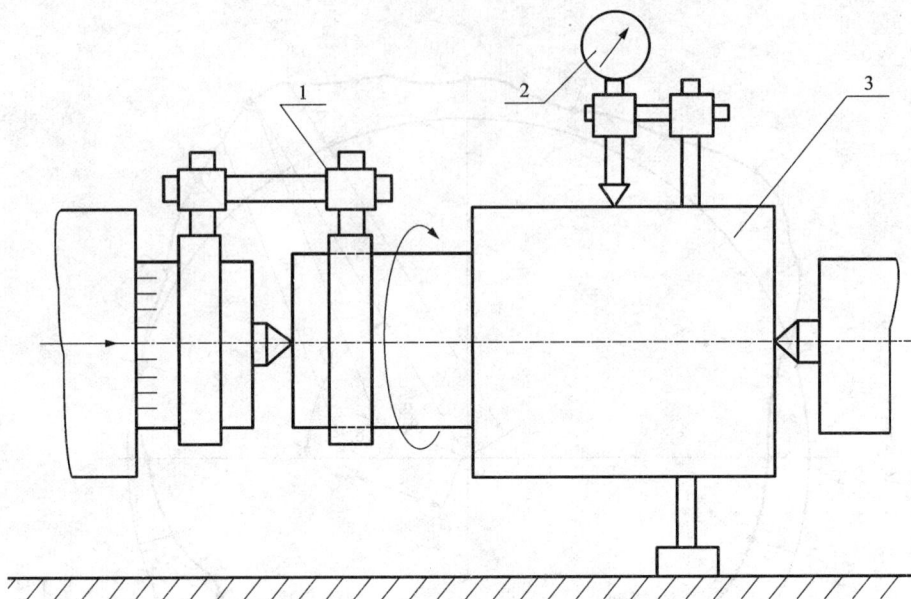

图 9 – 4　顶尖法测同轴度

测量步骤:

(1)将被测零件装卡在测量仪器的两顶尖上。

(2)按选定的基准轴线体现方法确定基准轴线的位置。

(3)测量实际被测要素各正截面轮廓的半径差值,计算轮廓中心点的坐标。

(4)根据基准轴线的位置及实际被测轴线上各点的测量值,确定被测要素的同轴度误差。

3.V 形架法测同轴度

本方法适用于对各种规格的零件进行同轴度误差测量。如图 9 – 5 所示。

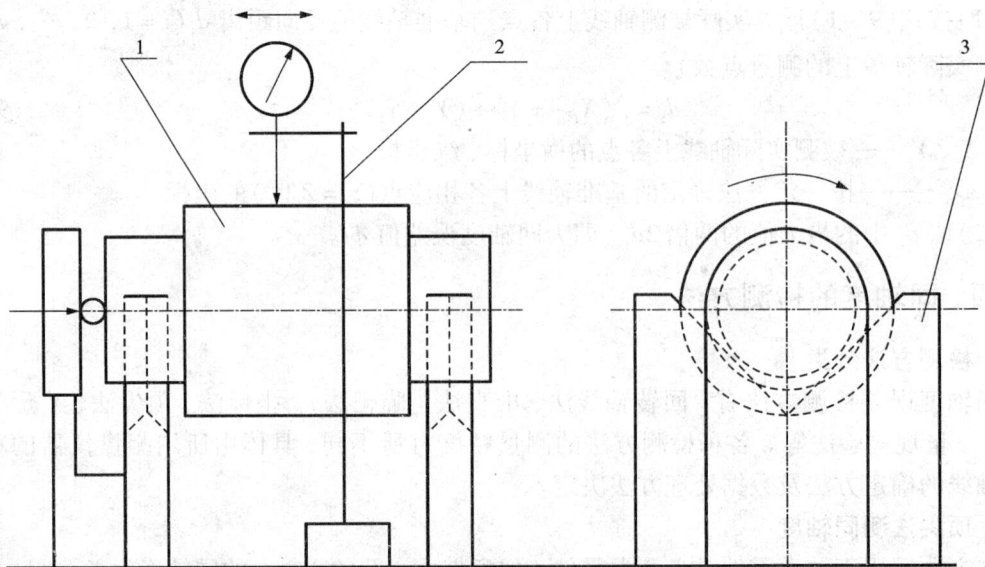

图 9 – 5　V 形架法测同轴度

1—被测工件;2—指示器;3—V 形架

118

测量步骤：

（1）将被测零件放在 V 形架上。

（2）按选定的基准轴线体现方法确定基准轴线的位置。

（3）测量实际被测要素各正截面轮廓的半径差值，计算轮廓中心点的坐标。

（4）根据基准轴线的位置及实际被测轴线上各点的测得值，确定被测要素的同轴度误差。

五、结果仲裁

当采用不同检测方法或数据处理方法导致结果不一致时，仲裁原则为：

（1）图样上或事先约定的验收方法中已给定检测方案，则按该方案进行。

（2）当由于采用了不同的数据处理方法而引起争议时，基准按最小区域回转面轴线、同轴度误差按同轴度最小包容区域法进行仲裁。

（3）当对测量精度有争议时，用分析测量精度的方法进行仲裁。

六、同轴度的双顶尖工程简易方法检验

由于同轴度误差的检测及求解过程烦琐，在工作实际中可以通过双顶尖来进行简易方法的检验。

1. 测量器具准备

百分表、表座、表架、顶尖、卧式车床、被测件、全棉布数块、防锈油等。

2. 测量步骤

（1）将准备好的双顶尖放置在车床的卡盘与尾座上，并调整对中。

（2）将工件安装在两顶尖间。公共基准轴线由两顶尖支承的回转轴线模拟。如图 9－6 所示。

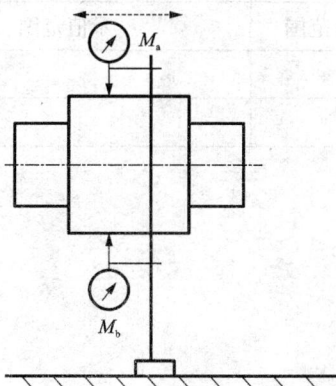

图 9－6　双顶尖支承简易法测同轴度示意图

（3）在被测圆柱面对径向上安装两百分表，调节百分表，使测头与工件被测外表面接触，并有 1~2 圈的压缩量。

（4）缓慢而均匀地转动工件一周，并观察百分表指针的波动，读取两指示器的最大差值，即为该横截面上的同轴度误差。

(5)转动被测零件，按上述方法测量四个不同截面，取各截面测得的最大读数差值中的最大值(绝对值)作为该零件的同轴度误差。

(6)完成检测报告，整理实验器具。

3. 数据处理

(1)先计算出单个测量截面上的同轴度误差值，即 $\Delta = \max(M_1 - M_2)$。

(2)取各截面上测得的同轴度误差值中的最大值，作为该零件的同轴度误差。

4. 检测报告

按步骤完成测量并将被测件的相关信息及测量结果填入检测报告单中，并判定零件的形位误差是否合格。

【任务实施】

(1)用双顶尖支承简易方法检验图9-1所示零件同轴度。

(2)记录测量数据，填写实验报表。

(3)收集测量数据，并根据验收结果判断其合格与否。

【任务考核】

根据任务要求完成同轴度的检测，并填写完成实验报表。

	名称	位置标注	公差		
被测零件					
	名称	测量范围	示值范围		分度值
计量器具					
测量简图					

续上表

测量数据	实际尺寸			
测量截面	1	2	3	4
测量角度及 两表读数差				
最大差值				
合格性判断				
实训心得				

班级	姓名	学号	审核老师	成绩	日期	

【思考与拓展】

1. 了解定位公差的概念与类型。

2. 孔类零件同轴度如何测量？

3. 试分析造成同一零件上同轴度误差的原因，并提出解决措施。

任务二 轴类零件的跳动检测

【知识目标】

➢ 掌握有关轴跳动的基本概念;
➢ 了解轴跳动的一般检测方法;
➢ 掌握检测数据的分析与计算方法。

【能力目标】

➢ 具备百分表的识读、使用能力;
➢ 具备轴类零件各跳动的检测能力。

【任务描述】

掌握轴类零件跳动的检测方法和步骤,完成图 9 - 7 所示轴跳动的检测。

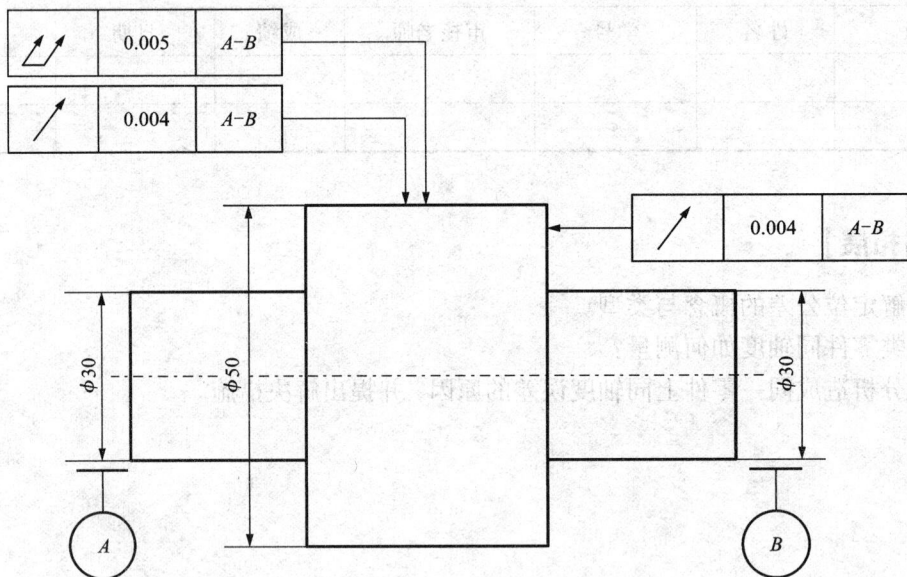

图 9 - 7 零件的跳动检测

【知识拓展】

一、跳动公差的相关概念

跳动公差是指关联实际要素绕基准轴线回转一周或连续回转时所允许的最大跳动量。跳动公差包括圆跳动和全跳动。

　　圆跳动是指被测实际表面绕基准轴线作无轴向移动的回转时,在指定方向上指示器测得的最大读数差。圆跳动分径向,端面和斜向三种。跳动的名称是和测量相联系的,测量时零件绕基准轴线回转,用指示表的测头接触被测要素,回转时指示表指针的跳动量就是圆跳动的数值。指示表测头指在圆柱面上为径向圆跳动,指在端面为端面圆跳动,垂直指向圆锥素线上为斜向圆跳动。

　　全跳动是指被测实际表面绕基准轴线无轴向移动的回转,同时指示器作平行或垂直于基准轴线的移动,在整个过程中指示器测得的最大读数差。全跳动公差是关联实际被测要素对其理想要素的允许变动量。当理想要素是以基准轴线为轴线的圆柱面时,称为径向全跳动;当理想要素是与基准轴线垂直平面时,称为端面(轴向)全跳动。

二、径向跳动和同轴度在概念上的区别

　　同轴度公差是用来控制理论上应同轴的被测轴基准轴线的不同轴程度,其公差带是直径为公差值且与基准轴线同轴的圆柱面内的区域,如图9-8所示。

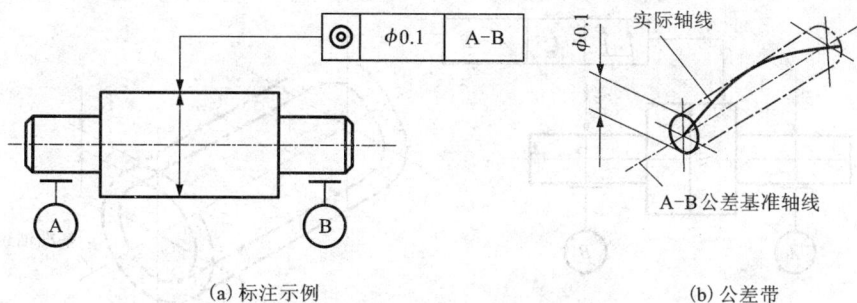

(a) 标注示例　　　　　　　　　　　(b) 公差带

图 9-8 同轴度示意图

　　其同轴度的公差是直径为 $\phi 0.1$ mm 的圆柱体,它是对被测轴线的控制。而径向圆跳动是被测实际要素围绕基准轴线回转一周或连续回转时所允许的最大误差。如图9-9所示,其公差带是在垂直基准轴线的任一测量平面内半径为公差 t,且圆心在基准线上的两个同心圆之间的区域。径向全跳动则是被测实际要素绕基准轴线做无轴向移动的连续回转,同时沿理想轴线连续测量所允许的最大误差,如图9-10所示。

　　从上面的概念可以看出同轴度是对被测轴线的控制。它的公差带是一个立体的或者空间的圆柱体,是在找出被测轴线离开基准轴线的最大距离,其值是两倍的公差。径向跳动则是对形状误差和位置误差的综合性测量。这不仅仅反映出某一截面的被测圆轴线对基准轴线的偏移,而且包括了该截面上圆本身的形状误差,这是两方面误差的叠加,它的公差带是一个平面的圆环。

　　而径向全跳动则是对整个被测表面的形状和位置误差的综合控制。它包括了被测表面的同轴度、圆度、圆柱度、直线度等误差,它的公差带是一个立体的同心空心圆柱体。

　　同轴度与径向跳动的概念不同,但又有密切关系。同轴度是限制被测轴线偏离基准轴线的一项指标,径向跳动是一项综合性公差,它不仅控制了同轴度误差,同时包含被测表面圆度误差。若被测圆柱面轴线与基准圆柱面轴线同轴,则被测表面同轴度误差为零,径向跳动

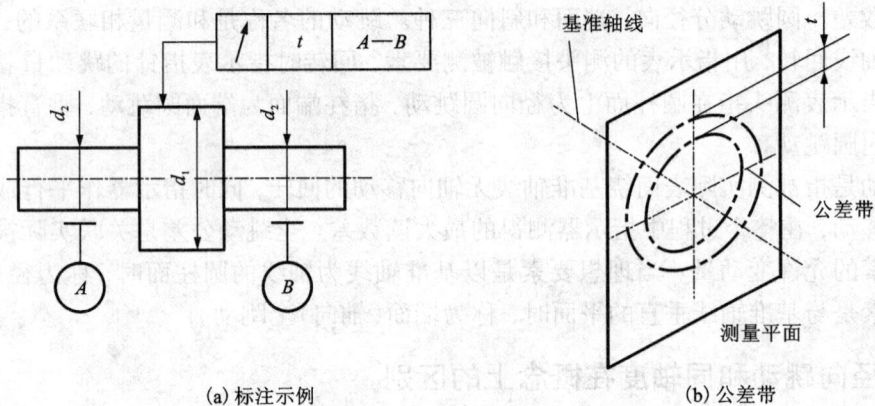

(a) 标注示例   (b) 公差带

图 9 - 9　径向跳动示意图

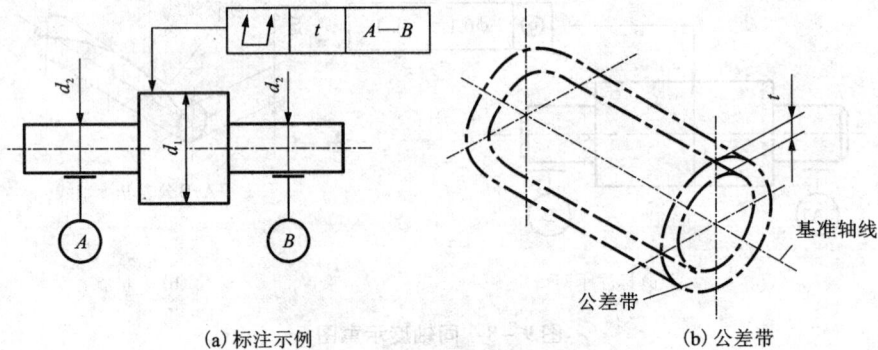

(a) 标注示例   (b) 公差带

图 9 - 10　径向全跳动示意图

误差等于圆度误差；若被测圆柱面轴线与基准圆柱面轴线不同轴，且当被测表面形状误差很小可忽略不计时(当圆度误差为同轴度公差的 1/5 以下)，可将径向跳动值中的最大值作为同轴度误差的近似值。

2. 径向跳动和同轴度在实际生产中的工艺措施也应不同

对于不同的位置要求，在生产中也应有不同的加工方法。有同轴度要求的工件，在加工中我们通常是采用基准统一或采用互为基准的工艺原则，即在加工有同轴度要求的表面时采用同一基准，或者互相为基准加工。视同轴度要求的高低而对加工基准进行半精加工、精加工或超精加工。然后再加工被控制表面，这样可很容易达到要求。例如采用两顶尖孔或心轴、软爪等在车床上或磨床上都可进行加工，以保证其同轴度误差。

而对于有径向跳动的回转体零件加工，不单要使加工时的基准统一或互为基准，而且对车床或磨床的主轴回转精度也要有相应的要求。例如，对一台回转精度是 0.01 mm 的车床是无法保证 0.01 mm 的径向跳动。所以此种误差必须要使机床的主轴回转精度高于被加工零件的要求，主要是主轴的径向跳动和角摆动。

而有径向全跳动要求的加工零件都是应用场合比较重要或精度较高机器，是在加工中应

124

特别重视的。对有这种要求的零件，除了上述的所有要求都要达到相应的精度外，还应对机床导轨的直线度(包括水平面和垂直面内的直线度)、导轨的平行度、工艺系统的刚度以及刀具的磨损量都有相应的要求。因为导轨的导向误差不但直接影响加工表面形状，而且影响加工表面的圆柱度和素线的直线度，这些原始误差在加工过程中都直接反应在全跳动误差里。另外工艺系统的刚度，工艺系统的受热变形，工艺系统的受力变形，以及刀具的磨损都会直接影响全跳动误差，在这些因素里面有一项达不到要求就无法保证加工质量。如图9－11中的三种标注：对于(a)只需要在两顶尖中用卧式车床精车三个表面即可达到要求，对于(b)则要求机床的回转精度高，刀架的刚性要高，而对于(c)则必须在外圆磨床上加工才能达到要求。

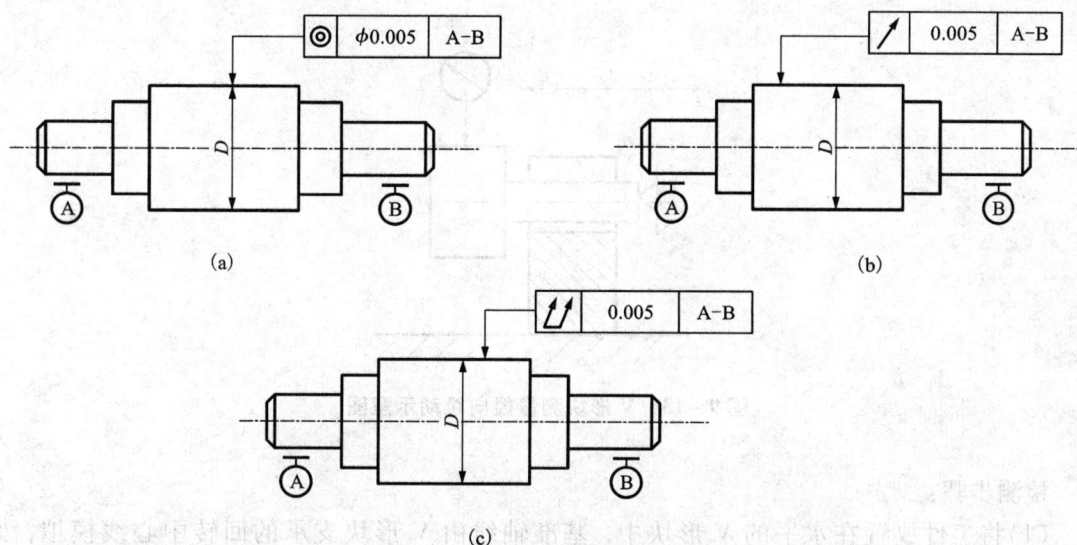

图 9 － 11　零件的同轴度与跳动标注

三、径向圆跳动测量

1. 双顶尖测量法

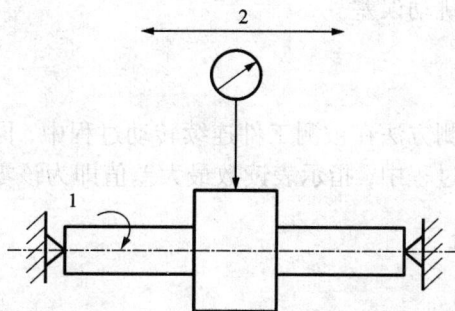

图 9 － 12　双顶尖测量径向跳动示意图

125

检测步骤：

（1）将工件安装在两顶尖间，公共基准轴线由两顶尖支承的回转轴线模拟，如图9－12所示。

（2）将指示表安装在表架上，指示表头与轴线垂直并接触被测圆柱表面，将指针压缩2～3圈，但不得超过指示表量程的1/3，指示表调零。

（3）轻轻使被测工件回转一周，指示表读数的最大变动量即为单个测量截面上的径向跳动误差。

（4）按上述方法在若干个正截面上测量，并分别记录，最终取各截面上测的跳动量中的最大值作为该零件的径向圆跳动误差。

2. V形块测量法

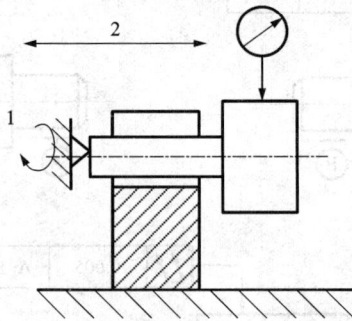

图9－13　V形块测量径向跳动示意图

检测步骤：

（1）将工件放置在水平的V形块中，基准轴线由V形块支承的回转中心线模拟，如图9－13所示。

（2）将指示表安装在表架上，指示表头与轴线垂直并接触被测圆柱表面，将指针压缩2～3圈，但不得超过指示表量程的1/3，指示表调零。

（3）轻轻使被测工件回转一周，指示表读数的最大变动量的一半即为单个测量截面上的径向跳动误差。

（4）按上述方法在若干个正截面上测量，并分别记录，最终取各截面上测的跳动量中的最大值作为该零件的径向圆跳动误差。

四、径向全跳动测量

按上述径向圆跳动的检测方法在被测工件连续转动过程中，同时让指示表沿基准轴线方向作直线移动。在整个测量过程中，指示表读数最大差值即为该零件的全跳动误差。

五、端面圆跳动测量

1. 双顶尖测量法

检测步骤：

（1）将工件安装在两顶尖间，公共基准轴线由两顶尖支承的回转轴线模拟，如图9－14

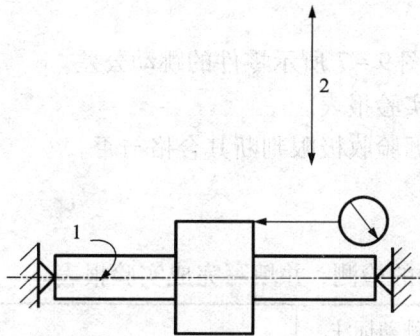

图 9 - 14　双顶尖测量端跳动示意图

所示。

（2）将指示表安装在表架上，指示表头与零件端面垂直并接触被测端面，将指针压缩 2 ~ 3 圈，但不得超过指示表量程的 1/3，指示表调零。

（3）轻轻使被测工件回转一周，指示表读数的最大变动量即为单个测量圆柱面上的端面跳动误差。

（4）按上述方法，在任意半径处测量若干个圆柱面，取各测量圆柱面上测得的跳动中最大值作为该零件的端面圆跳动。

2. V 形块测量法

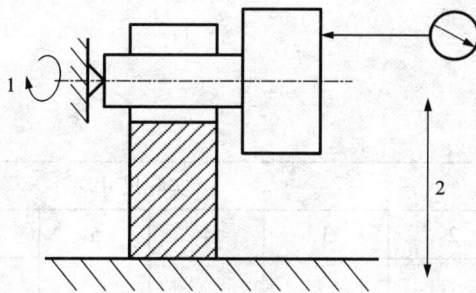

图 9 - 15　V 形块测量端跳动示意图

检测步骤：

（1）将工件放置在水平的 V 形块中，基准轴线由 V 形块支承的回转中心线模拟，如图 9 - 15 所示。

（2）将指示表安装在表架上，指示表头与零件端面垂直并接触被测端面，将指针压缩 2 ~ 3 圈，但不得超过指示表量程的 1/3，指示表调零。

（3）轻轻使被测工件回转一周，指示表读数的最大变动量即为单个测量圆柱面上的端面跳动误差。

（4）按上述方法，在任意半径处测量若干个圆柱面，取各测量圆柱面上测得的跳动中最大值作为该零件的端面圆跳动。

【任务实施】

(1)用百分表等量具测量图9-7所示零件的跳动公差。

(2)记录测量数据，填写实验报表。

(3)收集测量数据，并根据验收极限判断其合格与否。

【任务考核】

根据任务要求完成轴跳动的检测，并填写完成实验报表。

被测零件	名称	跳动标注	公差					
计量器具	名称	测量范围	示值范围			分度值		
测量简图								
测量数据	实际尺寸							
测量截面	1	2	3	4	5	6	7	8
径向跳动								
端面跳动								
径向全跳动								
合格性判断	径向跳动							
	端面跳动							
	径向全跳动							
实训心得								
班级	姓名	学号	审核老师	成绩	日期			

【思考与拓展】

1. 了解跳动的定义与类型。
2. 了解径向圆跳动与同轴度的区别。
3. 列举工程机械设备上需要进行跳动检测的零件。
4. 试分析零件跳动过大原因，并提出解决措施。

项目十
三坐标测量

任务一　三坐标的认识

【知识目标】

➤ 了解计算机辅助检测的概念；
➤ 熟悉三坐标测量机的原理和结构；
➤ 掌握标准球定义与检验。

【能力目标】

➤ 能进行三坐标测量机的基本操作；
➤ 能进行三坐标测量机测头的配置。

【任务描述】

了解三坐标测量机的原理、结构，完成图 10 - 1 所示三坐标测量机的基本操作。

图 10 - 1　三坐标测量机

【知识拓展】

一、三坐标测量机

三坐标测量机（coordinate measaing machining），缩写为 CMM。它是在三维可测范围内，根据测头系统返回的点数据，通过三坐标的软件系统计算各类几何形状、尺寸测量能力的仪器，所以称为三坐标测量仪或三坐标量机。

1. 工作原理

通过测量机空间轴系运动与操作系统（探头）的配合，根据测量要求对被测几何特征进行离散空间点坐标的获取，然后根据相应的几何定义对所测点进行几何要素拟合计算，获得被测几何要素，并在此基础上根据图样的公差标注进行尺寸误差和几何误差的评定。

2. 基本分类

三坐标机按操作模式可分为接触式和非接触式。按结构可分为固定桥式、移动桥式、高架桥式、水平臂式、便携式三坐标测量机，如图 10 - 2 所示。

固定桥式　　　移动桥式　　　　高架桥式　　　　水平臂式　　　便携式

图 10 - 2　三坐标测量机

3. 三坐标测量机的组成

三坐标测量机是典型的机电一体化设备，它由机械系统、测头系统、电气系统，以及计算机和软件四大部分组成，如图 10 - 3 所示。

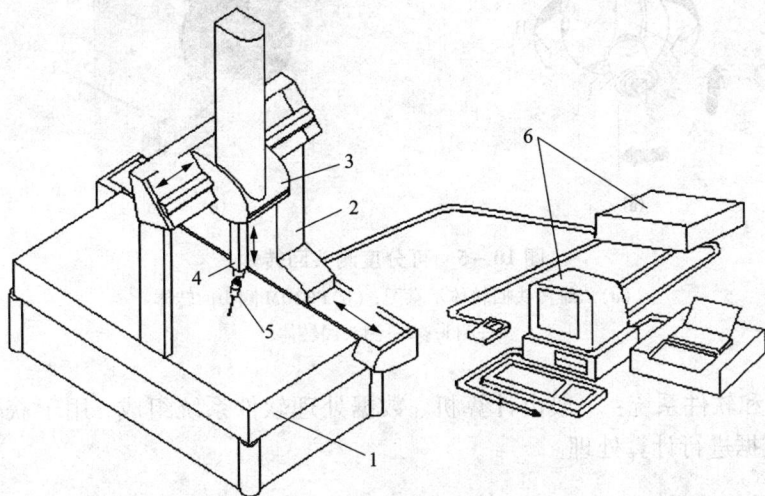

图 10 - 3　三坐标测量机的组成

1—工作平台；2—移动桥架；3—中央滑架；4—Z 轴；5—测头；6—电气和软件系统

（1）机械系统：一般由三个正交的直线运动轴构成。如图 10 - 4 所示结构中，X 向导轨系统装在工作台上，移动桥架横梁是 Y 向导轨系统，Z 向导轨系统装在中央滑架内。三个方向轴上均装有光栅尺用以度量各轴位移值。

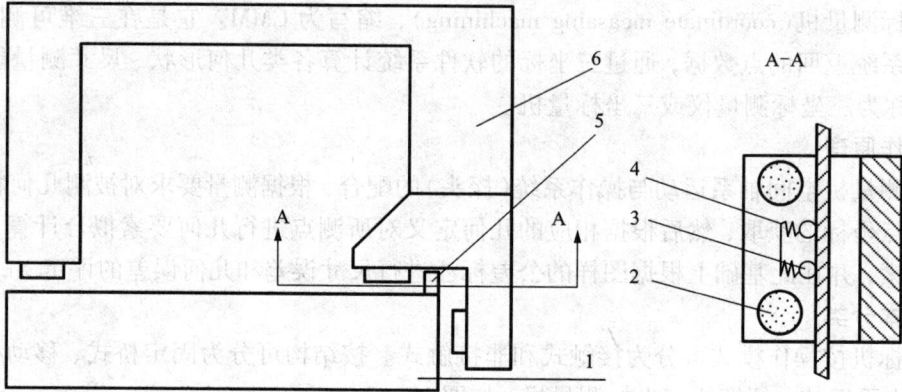

图 10 - 4　三坐标测量机气浮导轨结构

1—工作台；2—气垫；3—滚轮；4—压缩弹簧；5—导向块；6—桥架

（2）电气系统：除机械系统外，三坐标测量系统中的光栅尺、光栅读数头、数据采集卡、自动系统的运动控制卡、接口箱、电缆线、电机等构成了三坐标测量机的电气系统。

（3）测头系统：测头系统是三坐标测量机的数据采集器，其作用是获取当前坐标位置的信息。测头系统按其组成有机械式测头和电气式测头两种，如图 10 - 5 所示。

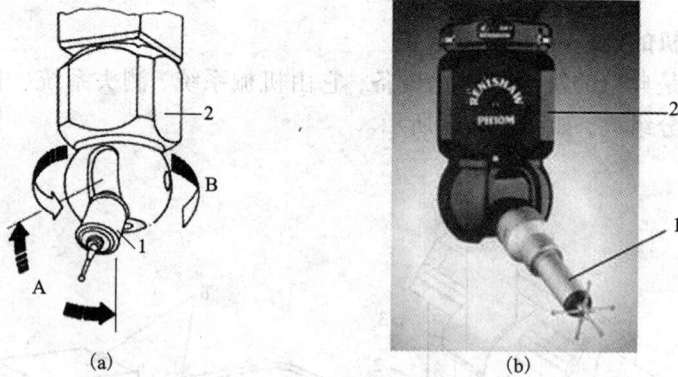

图 10 - 5　可分度测头回转体

(a)二维测头回转体示意图；(b)PH10M 测头回转体

1—测头；2—测头回转体

（4）计算机和软件系统：一般由计算机、数据处理软件系统组成，用于获得被测点的坐标数据，并对数据进行计算处理。

二、标准球定义及检验

1. 测头校验的原理

三坐标测量机在开始工作以前,需要对测头系统进行标定。测头系统的标定包括了标准球(又称基准球)的定义与检验、测针的定义与校验两部分。标准球一般是精确度很高的合金球,其主要作用是作为标定测针时的尺寸参考。

(1)校正测头的原因

校正测头主要有两个原因:为了得到测针的红宝石球的补偿直径和不同测针位置与第一个测针位置之间的关系。

(2)测头校正的原理

测头校正主要使用标准球进行。标准球的直径在 10 mm 至 50 mm 之间,其直径和形状误差经过校准(厂家配置的标准球均有校准证书)。

测头校正前需要对测头进行定义,根据测量软件要求,选择(输入)测座、测头、加长杆、测针、标准球直径(是标准球校准后的实际直径值)等(有的软件要输入测针到测座中心距离),同时要分别定义能够区别其不同角度、位置或长度的测头编号。

用手动、操纵杆、自动方式在标准球的最大范围内触测 5 点以上(一般推荐在 7 ~ 11 点),点的分布要均匀。

计算机软件在收到这些点后(宝石球中心坐标 X、Y、Z 值),进行球的拟合计算,得出拟合球的球心坐标、直径和形状误差。将拟合球的直径减去标准球的直径,就得出校正后测针宝石球"直径"(确切地讲应该是"校正值"或"校正直径")。

当其他不同角度、位置或不同长度的测针按照以上方法校正后,由各拟合球中心点坐标差别,就得出各测头之间的位置关系,由软件生成测头关系矩阵。当使用不同角度、位置和长度的测针测量同一个零件不同部位的元素时,测量软件都把它们转换到同一个测头号(通常是 1 号测头)上,就像一个测头测量的一样。凡是在经过在同一标准球上(未更换位置的)校正的测头,都能准确实现这种自动转换。如图 10 - 6 所示给出了这种补偿的示意图。

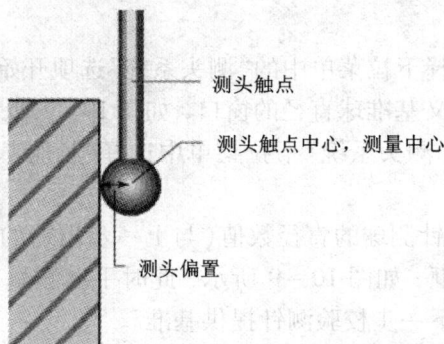

图 10 - 6 测球补偿原理示意图

2. 校正测头要注意的问题

在进行测头校正时,应该注意以下问题:

（1）测座、测头（传感器）、加长杆、测针、标准球要安装可靠、牢固，不能松动，不能有间隙。检查了安装的测针、标准球是否牢固后，要擦拭测针和标准球上的手印和污渍，保持测针和标准球清洁。

（2）校正测头时，测量速度应与测量时的速度一致。注意观察校正后测针的直径（是否与以前同样长度时的校正结果有大偏差）和校正时的形状误差。如果有很大变化，则要查找原因或清洁标准球和测针。重复进行2~3次校正，观察其结果的重复程度。检查了测头、测针、标准球是否安装牢固，同时也检查了机器的工作状态。

（3）当需要进行多个测头角度、位置或不同测针长度的测头校正时，校正后一定要检查校正效果（准确性）。方法是：全部定义的测头校正后，使用测球功能，用校正后的全部测头依次测量标准球，观察球心坐标的变化，如果有1至2个微米变化，是正常的。如果变化比较大，则要检查测座、测头、加长杆、测针、标准球的安装是否牢固，这是造成这种现象的重要原因。

（4）更换测针（不同的软件方法不同），因为测针长度是测头自动校正的重要参数，如果出现错误，会造成测针的非正常碰撞，轻者碰坏测针，重则造成测头损坏，一定要注意。

（5）正确输入标准球直径。从以上所述的校正测头的原理中可以得知，标准球直径值直接影响测针宝石球直径的校正值。

三、三坐标测量机的测头系统

三坐标测量机本身没有任何可用于测量的测头信息文件，在测量之前，需要对测头长度、方向以及测头直径等信息进行定义和校验，这些文件信息可以由 MWorks - DMIS 软件保存。

创建测头系统文件的方法有两种：一种为传统手动分步设置，此种方法共五步，分别为定义基准球、检验基准球、定义测针、选择测针、校验测针。选择每步操作的相关信息并予以保存，便可以完成测头系统文件的创建。

另一种方法就是使用"创建测头文件"向导，这个程序可以很方便地创建测量测头文件，只需要按照相应的提示逐步进行操作便可以完成测头系统文件的创建。

1.分步式配置测头系统

第一步定义基准球。选择下拉菜单中的"测头系统"选项开始测头系统的配置，首先选择"定义基准球"选项，弹出定义基准球直径的窗口，如图10-7所示。

第二步校验基准球。从"测头系统"下拉菜单中选择"校验基准球"，弹出校验基准球对话框，如图10-8所示。

在"直径"栏中填写主测针测球的直径数值（与上一步填写的数值保持一致），按"确认"按钮，弹出测量基准球对话框，如图10-9所示，此时手动测量基准球，以得到当前基准球在机器坐标系中的位置，为下一步校验测针提供基准。

第三步定义测针。从"测头系统"下拉菜单中选择"定义测针"选项，弹出定义测针对话框，如图10-10所示。

第四步选择测针。从"测头系统"下拉菜单中选择"选择测针"选项，弹出"选择测针"窗口。该窗口中会将上一步中添加的所有测针全部列出，在列表框中单击鼠标左键选中需要校验的测针（此时被选中的测针会以深蓝色背景显示，如图10-11所示）按钮退出。

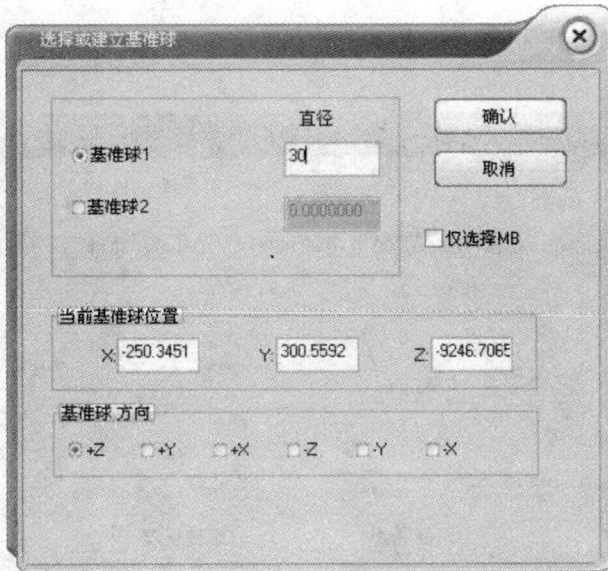

图 10 −7　定义基准球

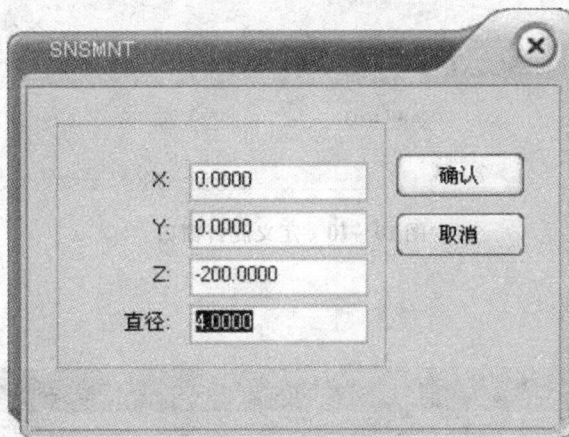

图 10 −8　定义测针直径

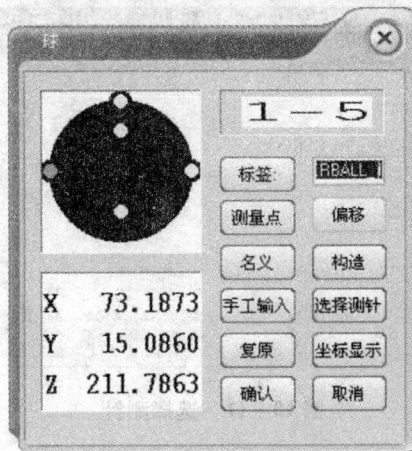

图 10 −9　测量基准球

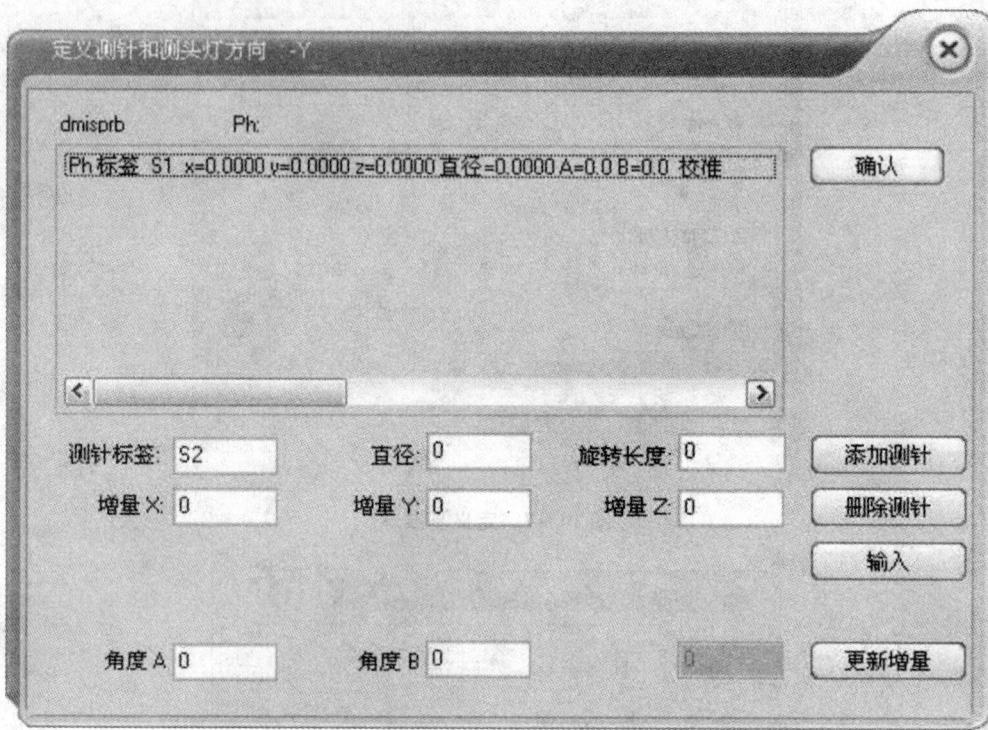

图 10 –10　定义测针窗口

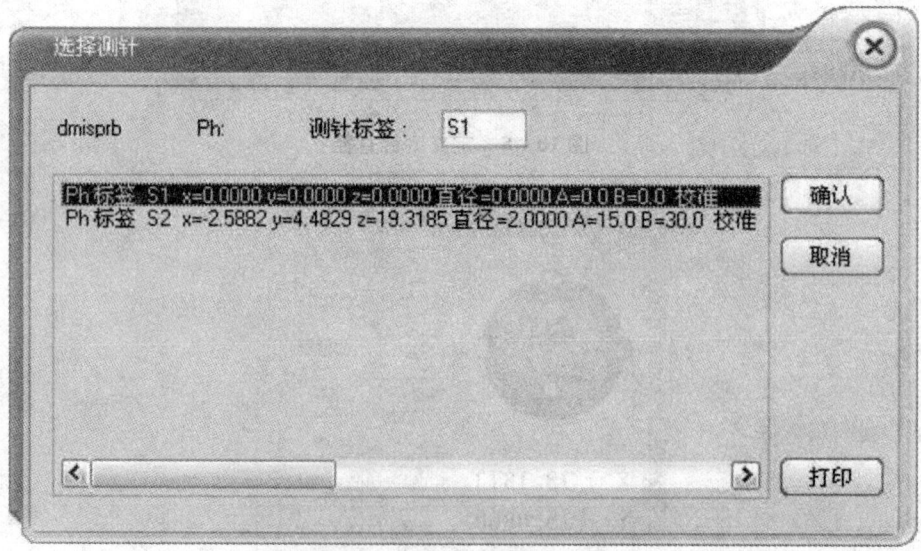

图 10 –11　选择测针

第五步校验测针。在"测头系统"菜单中选择"校验测针"选项，软件将会弹出"定义测针"窗口。在选取测针后，如果该测针还没有被校准，则需要对该测针进行校准。如果测针的定义语句已"校准"结束，你可以重新校准选择的测针。要校准测针，通过鼠标选取加亮要校准的测针，点击"确认"按钮即可。一旦接受了测针校准对话框，一个测球的对话框将显示出来。该显示的对话框与用主菜单：测量丨测量球的对话框很相似。不同之处在于被测量的球采用5个点和默认的名字被用于 CAL_X(X 连续的)。这个命令生成下面的程序语句：

$$CALIB/SENS, S(S2), FA(CAL\_1)$$

测针校准以后，就可以开始测量元素特征。

四、向导式创建测头系统

"测头文件向导"可以生成或更新测头文件。在创建测头文件时，与当前坐标测量机没有相连的探头类型是变灰色的，如图 10 – 12 中的 Ph9 探头类型。利用"测头系统"菜单中的"创 建测头文件"选项，可以十分快捷地配置测头系统。点击"创建测头文件"，软件会弹出如图 10 – 12 所示窗口。

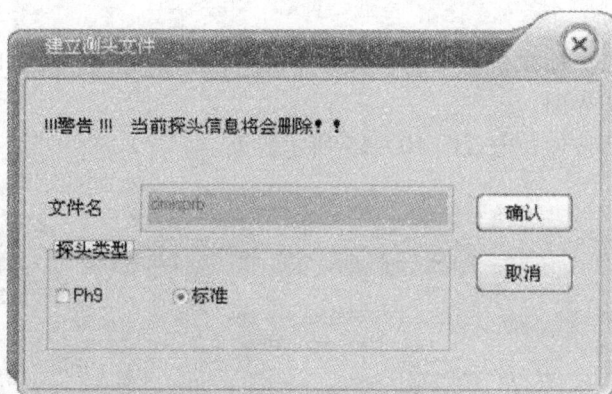

图 10 – 12　建立测头文件

如果测头文件名已经存在，出现警告信息。这个命令生成下面的程序语句：RECALL/P(MANUAL1)SNSLCT/S(S1)SAVE/P(MANUAL1)这表明系统发现要载入的当前测头文件已经存在。然后内存中自动创建一个新测头文件并生成测针"S1"作为当前测针。最后，测头文件被存储在磁盘里。

当新的测头文件生成和当前测针选取时，基准球需要重新校验，测针需要重新校准。MWorks – DMIS 软件会自动产生确认提示，图 10 – 13 所示，来确认是否校验基准球。

选择"确定"按钮，MWorks – DMIS 软件将进入校验基准球部分(详细操作见前部分)。如果选中"取消"，软件假定基准球已经校验，并产生下一步的请求来校准当前的测针。如果选中"是"，MWorks – DMIS 软件会进入校准测针

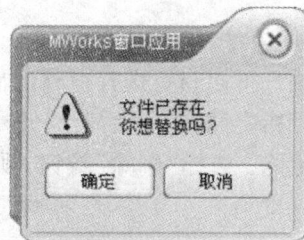

图 10 – 13　测头文件替换

部分。如果拒绝，测针就没有被校准，直到测头被执行校准后方可使用。

调用：选择"调用"按钮，此时 MWorks – DMIS 软件将出现图 10 – 14 界面。

图 10 – 14　打开测头文件

从中可以选择以前保存在机器中的有关测头资料，点击"确定"按钮即可调用！如果选中"取消"，软件则退出该界面。

存盘：选择"存盘"按钮，出现图 10 – 15 所示界面。

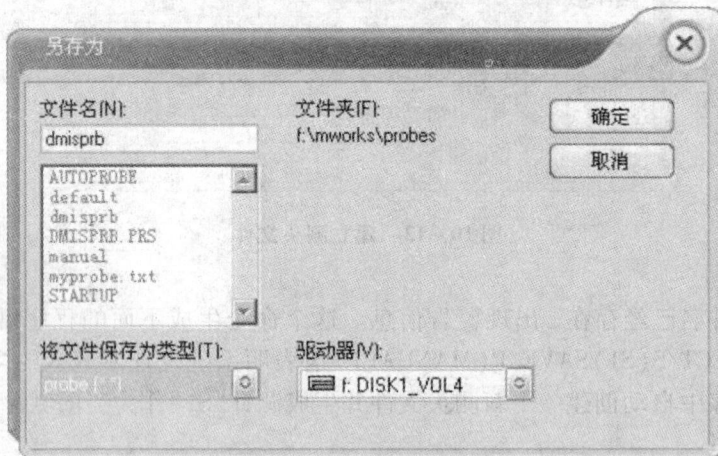

图 10 – 15　存储测头文件

用户可以自行选择保存的路径，点击"确定"按钮后，用户关于测头系统的有关设置将被保存到指定路径，以后若需使用，应用"调用"按钮选择相应路径打开即可！

删除：选择"删除"按钮，则可以删除以前保存的测头系统相关文件，如图 10 – 16。

图 10 – 16 删除测头文件

【任务实施】

(1)学习三坐标测量机的基本操作。

(2)能进行测头的安装和校正。

【任务考核】

完成三坐标机的基本操作;能进行测头系统的建立、存储、删除等操作。

【思考与拓展】

1. 阐述分步式建立测头系统的步骤及注意事项。

2. 向导建立测头系统的步骤及其优缺点是什么?

3. 校验测针的原理及实现方法是什么?

任务二 三坐标检测

【知识目标】

> 了解点、直线、平面等基本特征在三坐标机上的检测方法；
> 熟悉形位公差在三坐标上的检测方法；
> 会根据结果进行公差分析。

【能力目标】

> 能进行简单零件的基本检测；
> 能对复杂零件进行形位公差检测；
> 能做出检测报告。

【任务描述】

了解三坐标测量机的检测方法，完成图 10 – 17 所示箱体零件形位公差的检测。

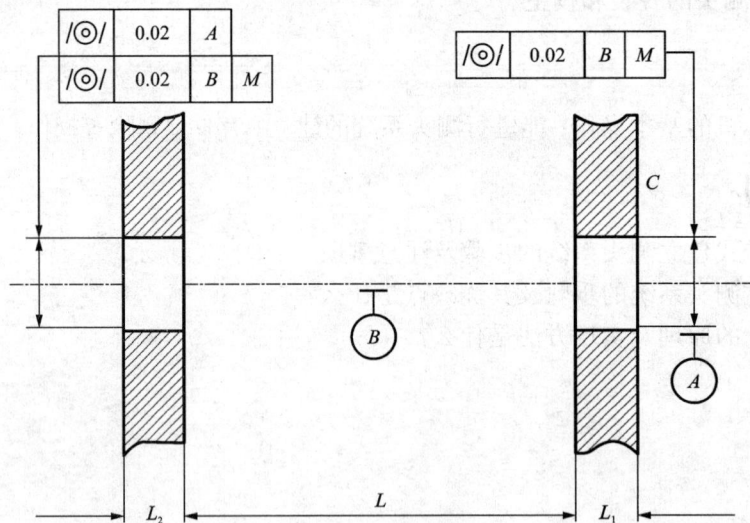

图 10 – 17　箱体同轴度的检测

【知识拓展】

一、点、线、面测量

1. 点的测量

打开"测量"下拉菜单，选择其中的"测点"选项，MWorks – DMIS 软件会弹出"测点"对话框，如图 10 – 18 所示。

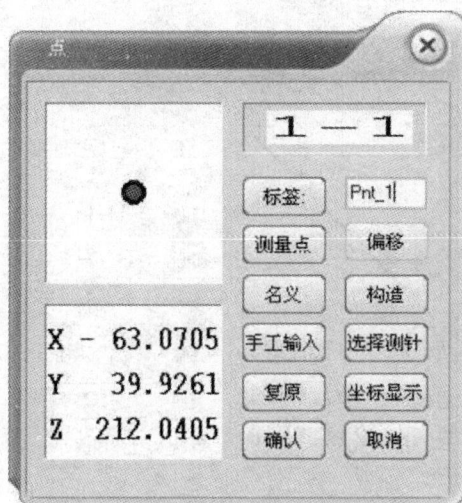

图 10 – 18　测点对话框

• 名义点

"名义"按钮允许定义一个名义的点特征。选择测点窗口中的"名义"按钮来显示"名义点窗口"，如图 10 – 19 所示。

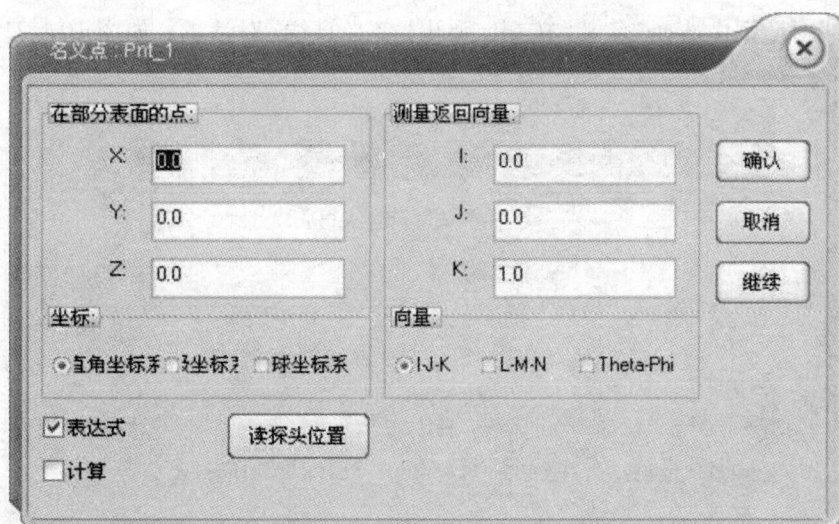

图 10 – 19　名义点对话框

2. 直线的测量

从"测量"下拉菜单中选择"测直线"选项，会弹出"测直线"对话框，如图 10 – 20 所示。与"测点"对话框不同的是，在"测直线"对话框中有一"空间"选项。勾选上"空间"标签，此时测量图形界面上显示的直线就是该直线在空间的实际位置，如果不勾选"空间"标签，得出的直线将是该直线相对于当前工作平面的投影。

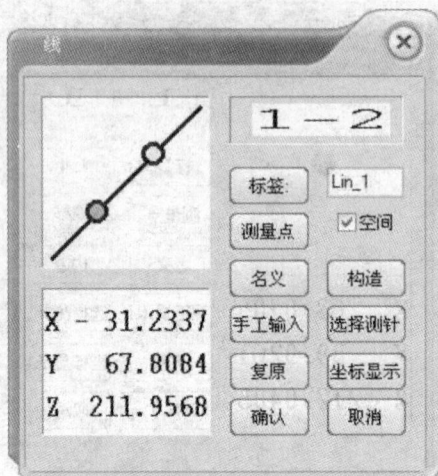

图 10 - 20　测直线对话框

在测量特征完成之后，就会回到主屏幕，除非选择了"连续测量"图标。在这种情况下，特征窗口会再次打开来测量下一个线特征。线的方向从第一点指向最后一点。线特征的详细操作在下面的部分里描述。

- 名义直线

从测直线对话框中选择"名义"按钮，弹出"名义直线"对话框，如图 10 - 21 所示。"名义"按钮允许定义一条名义直线特征。

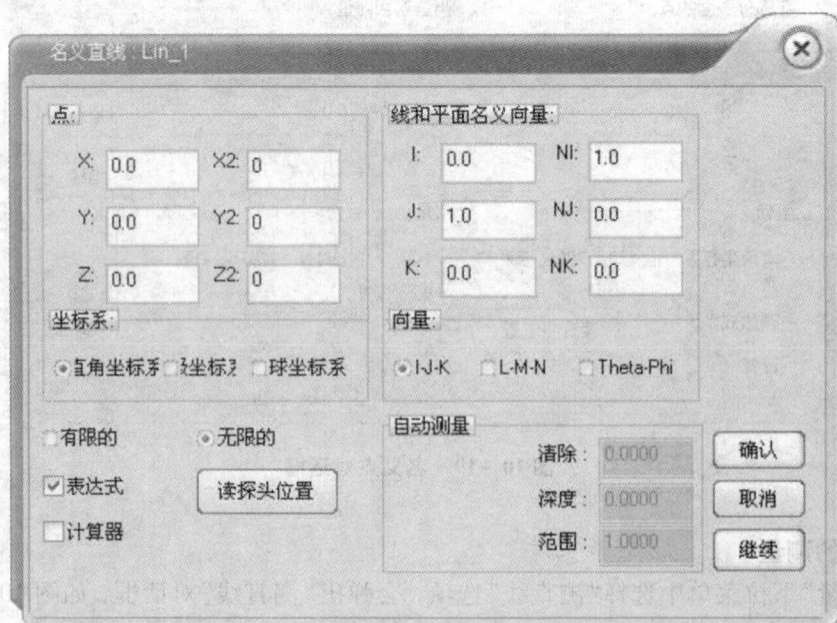

图 10 - 21　名义直线对话框

3. 平面的测量

面窗口包含关于创建平面特征的一些功能。从"测量"下拉菜单中选择"测平面"选项，会弹出"测平面"对话框如图 10-22，此时就能使用操纵杆或是选择公共特征栏描述的功能之一来开始测量。

测量提示：在测量一个平面时，测量点最好能均布在被测物体表面而不能位于同一条直线上，否则会影响测量精度。

- 名义平面

测平面对话框中的"名义"按钮允许用户定义一个名义平面特征。在窗口中选择"名义"按钮来显示"名义平面"窗口，如图 10-23 所示。

图 10-22　测量平面对话框

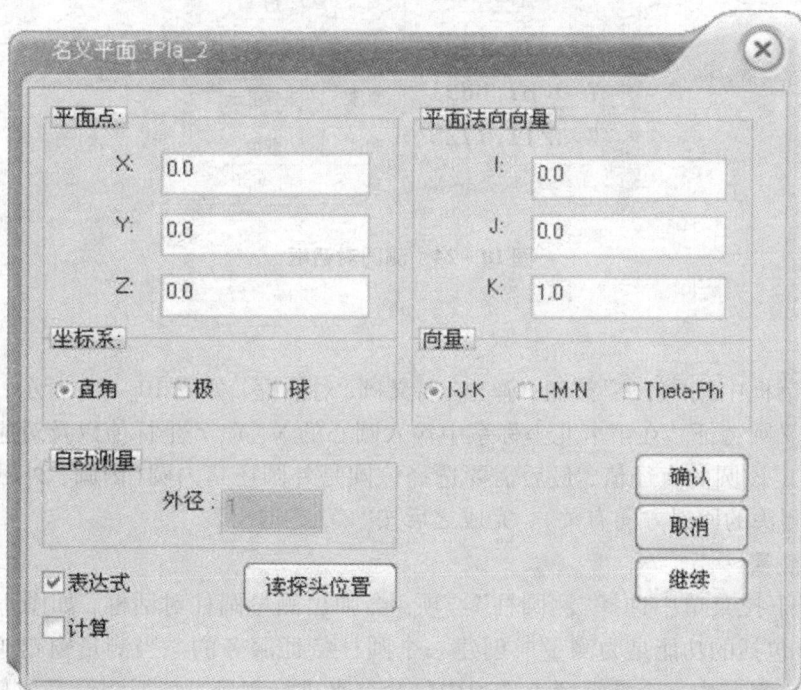

图 10-23　名义平面对话框

143

二、圆、圆柱的测量

1. 圆的测量

从"测量"下拉菜单中选择"测圆"选项，会弹出测圆对话框如图 10 - 24 所示。该对话框包括的功能是为测量圆特征服务的。一旦窗口出现，就可以使用操纵杆或选择其中一个特征命令选项中的命令来进行测量。同"测直线"功能窗口一样，当勾选上"空间"标签，此时测量图形界面上显示的圆就是该圆在空间的实际位置；如果没有勾选"空间"标签，得出的圆将是该圆相对于当前工作平面的投影。

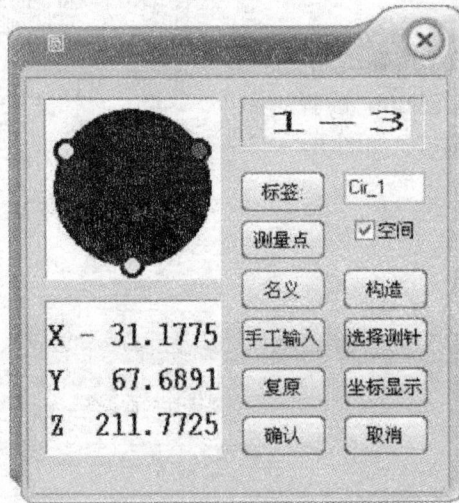

图 10 - 24　测圆对话框

- 名义圆

在测圆对话框中按"名义"按钮，弹出"名义圆"对话框，如图 10 - 25 所示，该对话框允许定义一个名义圆特征。在笛卡儿坐标系中输入圆心的 X、Y、Z 坐标值以及对应的法向量 I、J、K 值，再确定该圆的直径值，最后需要选择该圆是外圆还是内圆（内圆、外圆由软件内部算法确定，与测头的回退方向有关），完成之后按"确定"退出。

2. 圆柱的测量

从"测量"下拉菜单中选择"测圆柱"选项，会弹出测量圆柱对话框，如图 10 - 26 所示，测量圆柱窗口包括的功能是为测量或创建一个圆柱特征服务的。当测量窗口弹出后，就能使用操纵杆或选择其中一个特征命令选项中的命令来进行测量。特征测量完成后，除非选择了"连续测量"图标，否则将返回主屏幕。如果是这样，特征窗口将再次打开用来测量下一个圆柱特征。

测量提示：测量一个圆柱时，所测的点最好是 3 的倍数。每组的三个点应尽量在一个圆周上，具有一个圆的测量特征。比如，这些点不能在同一条直线上，每个圆彼此应该是平行的，尽可能沿着圆柱广泛分布，以便得到最精确的测量结果。

144

名义圆 Cir_1

中心：
X: 0.0
Y: 0.0
Z: 0.0

坐标：
◉直角　☐极　☐球

圆的尺寸
半径/直径: 10.0

半径/直径
☐半径　◉直径

☑表达式　☐弧到
☐计算器　☐弧;测量方向/去测量

读探头位置　确认　取消　常数

法向矢量：
I: 0.0
J: 0.0
K: 1.0

向量：
◉I-J-K　☐L-M-N　☐Theta-Phi

内或外：
◉内
☐外

内部自动测量：
✓将清除
✓返回清除

自动测量
清除　0.0000
第一深度　0.0000
第二深度　10.0000
开始角度　0
总角度　360

扫描

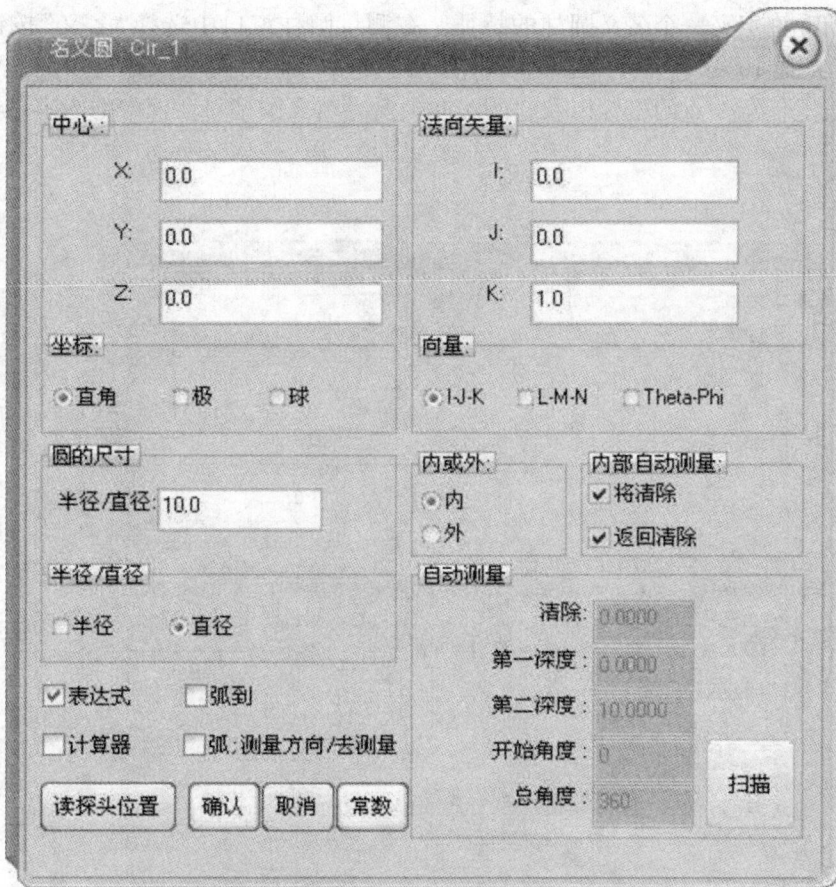

图 10 – 25　名义圆对话框

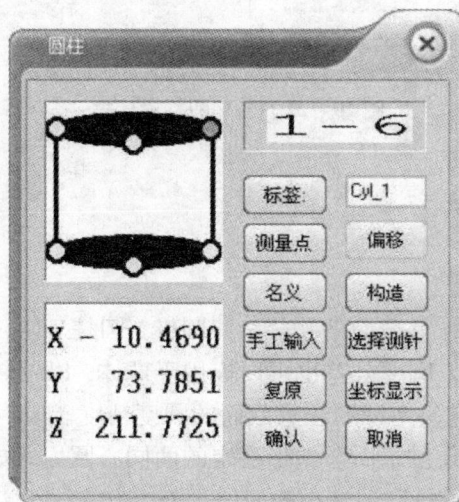

圆柱

1 – 6

标签:　Cyl_1
测量点　偏移
名义　构造
手工输入　选择测针
复原　坐标显示
确认　取消

X － 10.4690
Y　73.7851
Z　211.7725

图 10 – 26　圆柱对话框

● 名义圆柱

名义按钮允许定义一个名义圆柱的特征。在测量圆柱窗口中选择"名义"按钮将显示名义圆柱窗口，如图 10-27 所示。与名义圆对话框唯一不同的是，名义圆柱对话框中所要输入的是圆柱轴线上任意一点的坐标以及它的法向矢量。名义圆柱对话框中的内容请参考名义圆对话框。

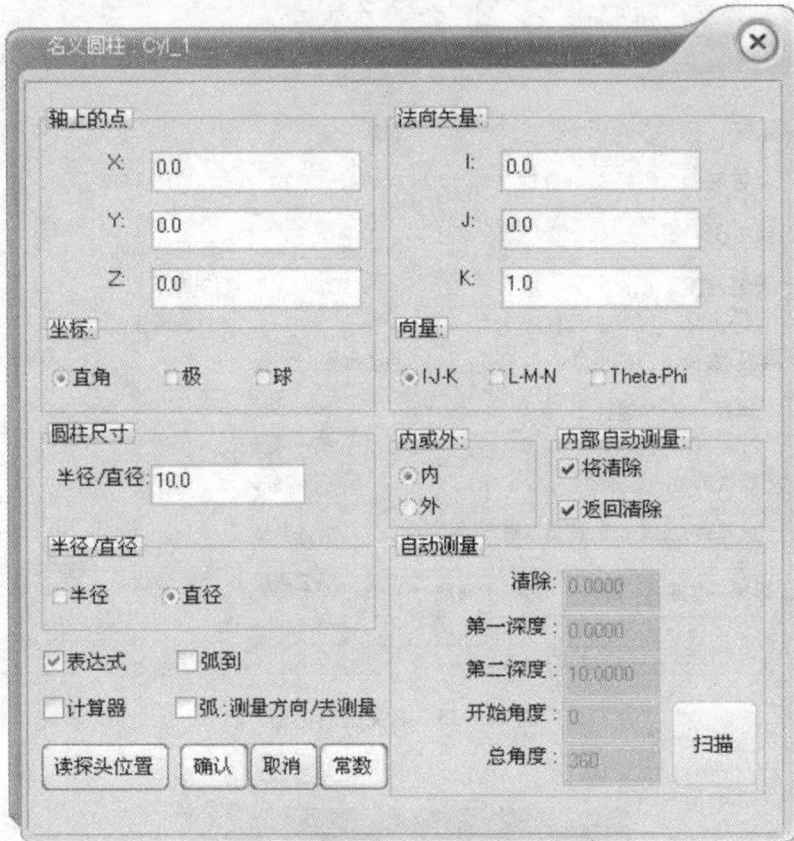

图 10-27　名义圆柱对话框

三、形位公差的测量

1. 圆度的测量

圆度公差适应于任何有圆形截面的物体，如圆锥、圆柱、球。在做圆的测量时，投影面的选取应尽量减小测量误差。圆度公差也可以应用于球体，以控制球在各个截面上的圆度偏差，也被称之为球度公差，它决定球的任意截面的圆度精度。

①圆的圆度。所测点必须位于由公差带决定的两同心圆内。如果所测点不再在同一平面上或未指定投影平面，其必须投影到最小截面的平面上。实际公差值是所测点到同心圆的最小距离，与圆的大小、位置无关。使用的是最小偏差算法，当使用最小偏差算法计算圆时，圆的变化范围就是实际的环状公差。如果实际公差值小于名义公差值，这个圆在公差范围

内，如图 10-28 所示。

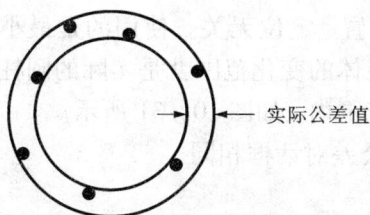

图 10-28　圆的圆度公差

②球的圆度。所测点必须位于由公差所决定的两同心球带内。实际公差值是所测点到同心球的最小距离，与其大小位置无关。使用的是最小偏差算法，当使用最小偏差算法计算球时，球的变化范围就是实际的球状公差。如果实际公差小于名义公差，则这个球在公差范围内，如图 10-29 所示。

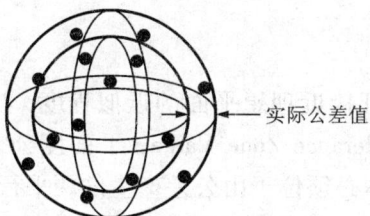

图 10-29　球的圆度公差

MWorks-DMIS 软件的圆度评估窗口如图 10-30 所示。

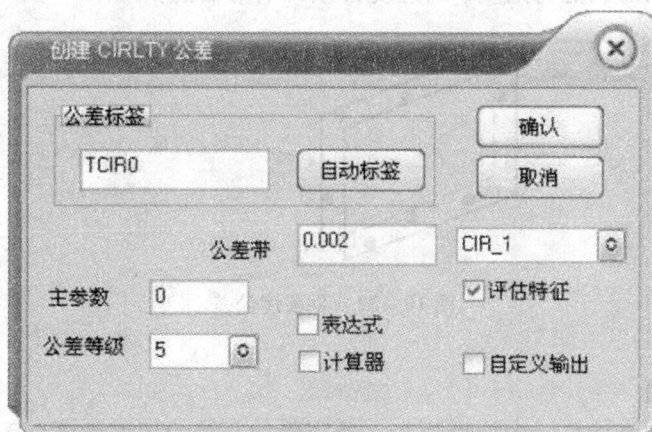

图 10-30　圆度公差窗口

2. 圆柱度的测量

圆柱度是描述圆柱形特征与理想圆柱体的近似程度，而不考虑圆柱体尺寸、位置和定位方式。圆柱度只适用于圆柱体，它可以同时控制圆柱截面的圆度和圆柱高度方向的直线度。圆柱的测量点必须位于由公差带决定的两个同心的圆柱体内。实际公差值是所测点到同心圆柱体的最小距离，与其大小、位置、定位无关。使用的是最小偏差算法，当使用最小偏差算法计算圆柱体的圆柱度时，圆柱体的变化范围就是实际的圆柱体偏差。如果实际偏差小于名义公差，这个圆柱体就在公差范围内，如图 10-31 所示。

圆柱度公差对话框与圆度公差对话框相同。

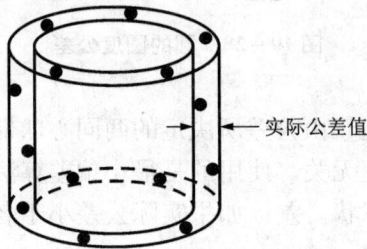

图 10-31　圆柱度公差

3. 平面度的测量

平面度是描述一个平面特征接近理想平面的近似程度，与平面的位置和定位方式无关。平面度仅适用于平面。除了 Tolerance Zone Value，平面度公差的所有对话框于环状公差相同，Tolerance Zone Value 是物体必须位于由公差产生的两平行平面之间的距离。

平面上的测量点必须位于由公差确定的两平行面之间。实际公差就是该点到平行平面的最小距离，与位置和定位无关。使用的是最小偏差算法。当使用最小偏差算法计算平面时，平面的变化范围就是实际的平面公差。如果实际公差小于名义公差，这个平面就在公差范围内，如图 10-32 所示。

平面度公差评估对话框与圆度、圆柱度公差评估对话框相同。

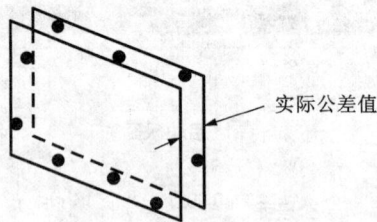

图 10-32　平面度公差

4. 直线度的测量

直线度公差是用来计算一个线特征与一条完美的直线的接近程度，它不依赖于直线的方向和位置。直线度公差可以应用于任意面的具有直线性质的剖面。如果直线特征是手动测量的，应该指定一个投影面，目的是消除任何垂直于投影面的测量误差。直线度公差也可应用到导出的中心线上，它控制圆柱的外形，导出的中心线是从圆柱中构造的。目前，直线度仅可以用于 RFS 情形，不用考虑形体尺寸。MWorks - DMIS 中的直线度公差评估对话框如

148

图 10 – 33 所示。

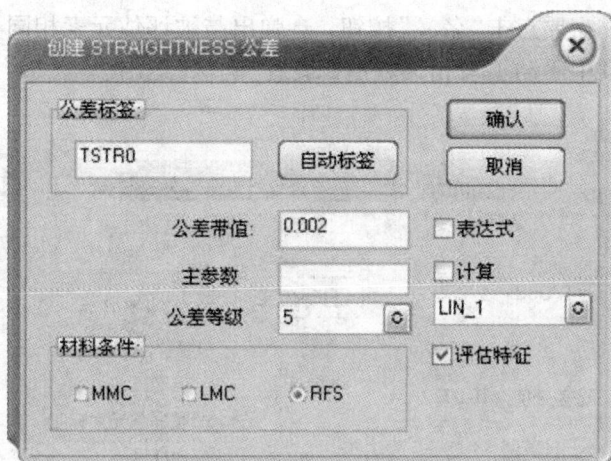

图 10 – 33　直线度公差

5. 位置度的测量

位置公差用来衡量一个特征与其理想位置的接近程度。它可以被用于可简化为点、线或面的特征。可以简化为点的特征包括：点，圆，球，椭圆。可简化为线的特征包括：直线，圆柱，圆锥，阶梯轴。可简化为面的特征包括：平面和平行面。一个名义特征的定义需要确定该特征的真实位置。位置公差同时控制着尺寸、方向和位置。对于一个没有尺寸的特征，例如点、线、面、锥面，位置公差可以仅仅用在 RFS 基准中，不考虑其特征尺寸。

MWorks – DMIS 软件的位置度公差评估对话框如图 10 – 34 所示。

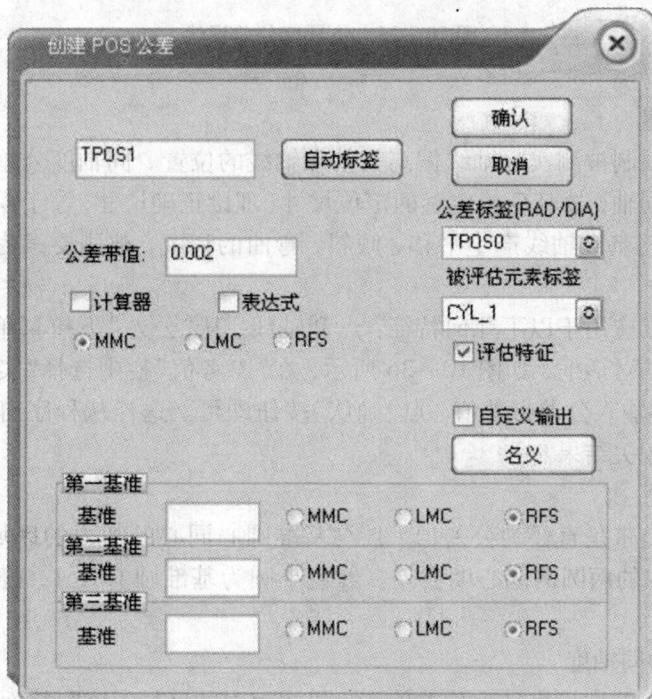

图 10 – 34　位置度公差

被评估特征是实测的点、直线和平面时，位置度公差评估对话框如图10-35所示，当选择好被评估元素以后，需要点击"名义"按钮，会弹出与被评估元素相同类型的名义元素对话框，在名义元素对话框中手动填写相关数值，最后"确认"退出。

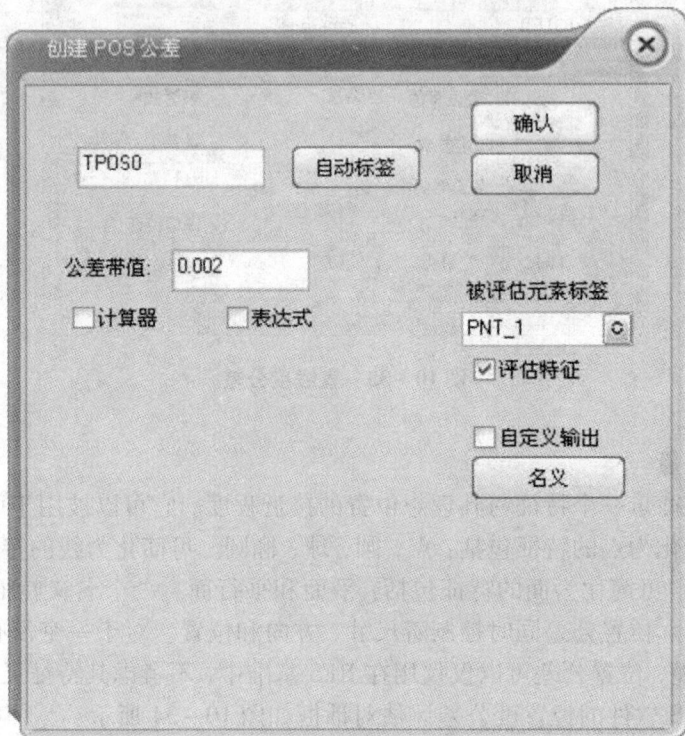

图 10-35 位置度公差评优

6. 同轴度的测量

同轴度公差是限制被测实际轴线偏离其基准轴线的位置。同轴度公差要求被测轴线的位置应该与基准轴线同轴，故其理想位置的定位尺寸（理论正确尺寸）等于零。同轴度误差主要是指被测轴线相对其基准轴线产生平移、倾斜、弯曲的程度，被测要素为轴线，基准要素也为轴线。

同轴度公差可以应用于以下几何特征：点和轴线。从"公差"下拉菜单中选择"同心度"，弹出同心度公差评估对话框，如图10-36所示，在"参考值"栏中选择"实测值"CIR_1，评估特征选择CIR_2，再输入公差带数值，点"确认"按钮即可。这样从程序窗口的公差评估栏中就可以看到评估的相关结果。

（1）圆的同心度

点的同心度公差带是直径为公差值 t 且与基准圆心同心的圆内的区域。如图10-37所示，测量同一平面内的两圆的同心度公差。红色小圆为基准圆 CIR_1，蓝色大圆为被评估特征 CIR_2。

（2）圆柱轴线的同轴度

轴线的同轴度公差带是直径为公差值 t 的圆柱面内的区域，该圆柱面的轴线与基准轴线

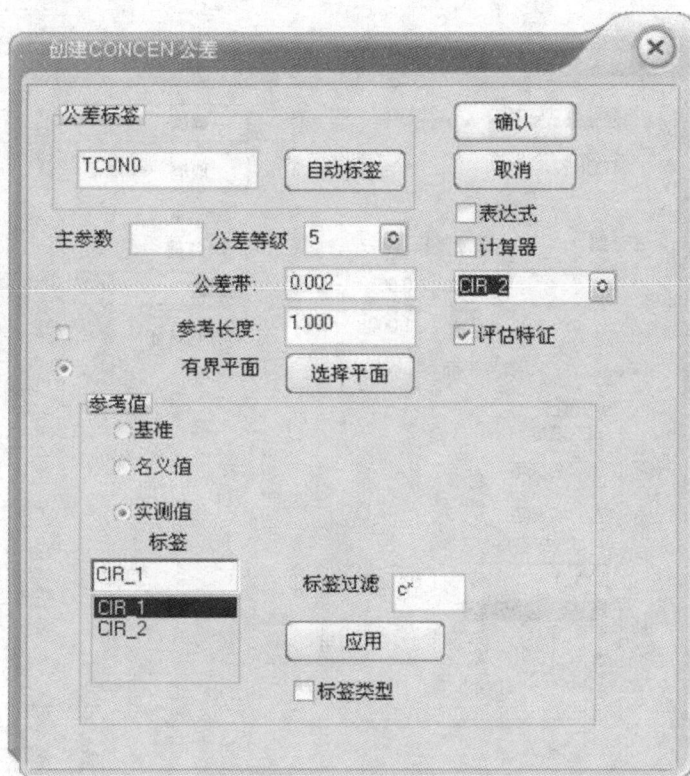

图 10 - 36　同轴度公差窗口

同轴。如图 10 - 38 所示，测量两圆柱的同轴度公差。大圆柱为基准圆柱 CYL_1，小圆柱为被评估特征 CYL_2。

图 10 - 37　圆的同轴度

图 10 - 38　圆柱轴线的同轴度

　　选择"同轴度"公差，弹出如图 10 - 39 所示的对话框："参考值"选择"实测值"CYL_1，评估特征为 CYL_2，点"确定"按钮，完成评测。

7. 对称度的测量

对称度公差是限制被测中心要素偏离其基准中心要素的变动量。对称度公差要求被测要

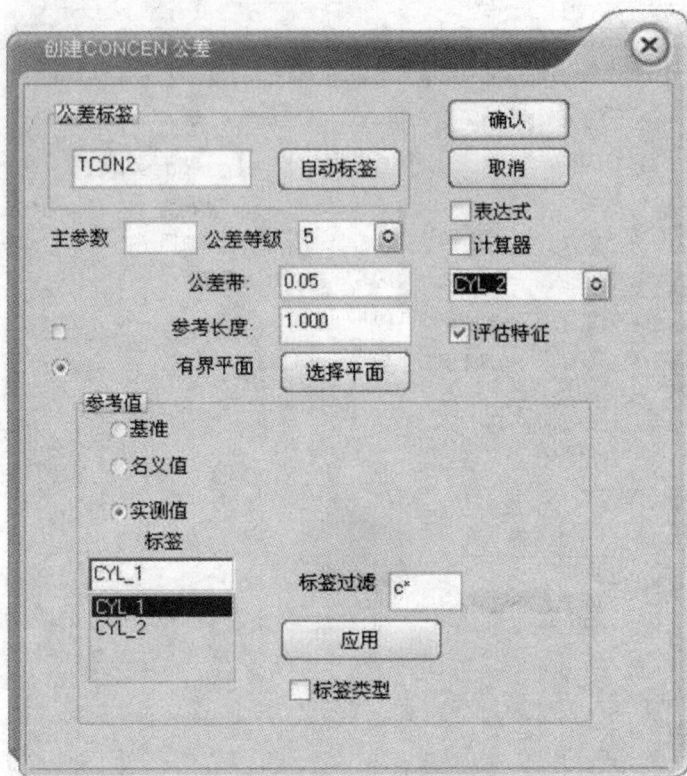

图 10 - 39　圆柱轴线的同轴度评估

素的位置应与急诊要素共面,故其理想位置的定位尺寸(理论正确尺寸)为零。对称度误差主要是指被测要素相对基准要素产生平移、倾斜的程度。

被测要素为中心平面或轴线(以中心平面应用较多),基准要素为轴线或中心平面。公差带形状为相对基准对称配置两平行平面之间的区域。通常,对称度公差仅可以用在 RFS,它不依赖特征的尺寸。

MWorks – DMIS 软件的对称度公差评估窗口如图 10 –40 所示。

中心平面的对称度公差带是距离为公差值 t 且相对基准的中心平面对称配置的两平行平面之间的区域。在 MWorks – DMIS 软件中,如果平面没有被界定,则公差计算是以实际测量点的位置为依据的。当实际公差小于给定公差要求时,那么这个中心平面就通过了对称度公差的检验。

8. 倾斜度的测量

倾斜度用来计算一个特征的方向与一个指定角度适应的接近程度(指定的角度与参考特征有联系),它不依赖于特征的尺寸和位置。倾斜度可以用在任何有唯一向量的特征。这个向量可以是直线的方向,圆柱、圆锥、阶梯轴、圆环或抛物面的轴线,或是一个平面或平行面的一般法向向量。

为了正确地确定一个直线、圆柱、平行面特征的角度或方向,需要采用几何算法已知的配合形面来测量特征。对于一个外部特征,例如销、凸台,需要采用最小外接算法。对于内

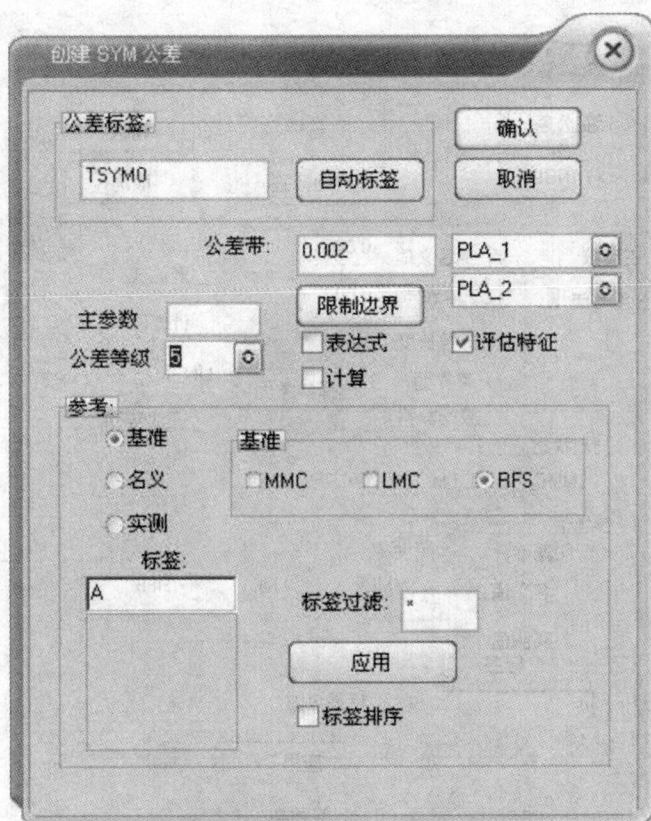

图 10 –40 对称度公差评估

部特征,例如孔或槽,需要采用最大内接算法。通常,倾斜度公差仅可以用在 RFS,它不依赖特征的尺寸。

MWorks – DMIS 软件中的倾斜度公差对话框如图 10 –41 所示。

倾斜度公差能被用于下列各几何特征:圆锥、圆柱、直线、平面。在使用倾斜度公差评估圆柱、圆锥的轴线特征时要注意限定边界,否则将出现错误提示,在后面的平行度公差与垂直度公差评估时也同样需要注意这个问题。

平行度、垂直度公差与倾斜度公差类似。

9.跳动的测量

跳动公差是以检测方法命名的公差项目,即当被测实际要素绕基准轴线回转的过程中,测量被测表面给定方向上的跳动量。跳动量的大小等于指示表最大与最小读数之差。根据指示表运动的特点,跳动公差分为圆跳动(指示表静止)和全跳动(指示表运动)两种类型。

(1)圆跳动

圆跳动公差是限制被测轮廓圆对其理想圆的跳动变动量。根据测量方向与基准轴线的相对位置,圆跳动分为径向圆跳动(测量方向垂直基准轴线)、端面圆跳动(测量方向平行基准轴线)及斜向圆跳动(测量方向与基准轴线成夹角,但为被测表面的法线方向),在一般机械类零件的检测中运用最多的是径向圆跳动。

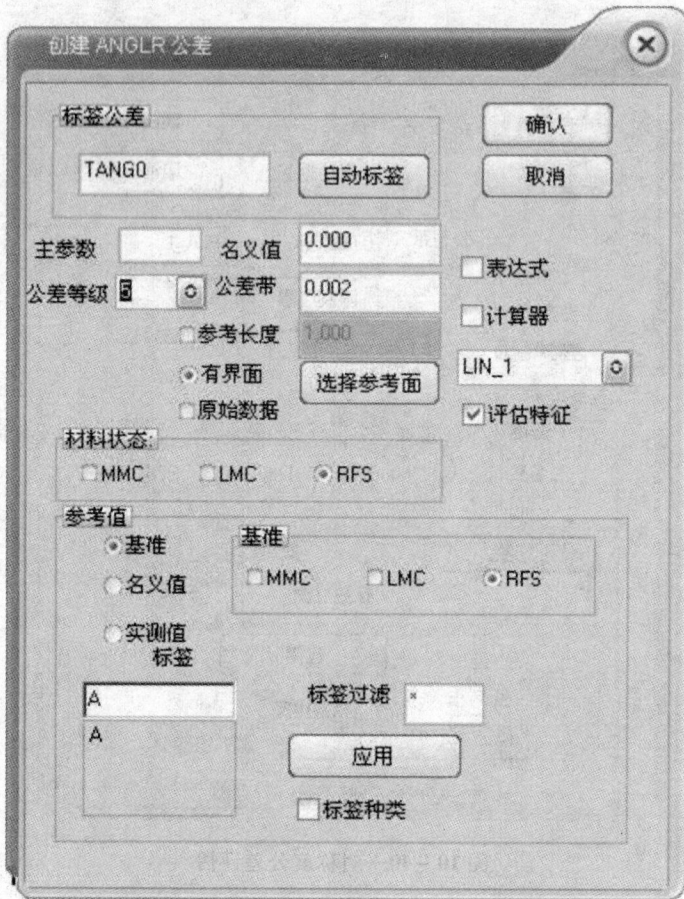

图 10 - 41　倾斜度公差

径向圆跳动公差的公差带是垂直于基准轴线的任一测量平面内、半径差为公差值 t 且与圆心在基准轴线上的两同心圆之间的区域如图 10 - 42 所示。可用来计算评估一个圆与一个圆心在基准轴线上的完美圆的相似程度。径向圆跳动公差可以用于圆锥、圆柱或球等的横截面。它同时控制着圆度和同轴度，而不依赖于圆的尺寸。

径向圆跳动公差可用于圆、圆柱、圆锥等几何特征。

（2）全跳动

全跳动公差是限制被测圆柱表面对理想圆柱面的跳动变动量，即用来计算一个圆柱与一个以基准轴为中心的完美圆柱的相似程度。根据测量方向与基准轴线的相对位置，全跳动分为：径向全跳动（指示表运动方向与基准轴线平行）和端面全跳动（指示表运动方向与基准轴线垂直）。

（3）圆柱的全跳动公差

圆柱上的测量点必须位于一个公差区域中，该公差区域通过两个圆心在基准轴上的同心圆柱来定义。实际公差值不依赖于尺寸，它是两个同心圆柱间的最小距离。如果实际公差小于名义公差，那么这个圆柱就通过了全跳动公差的检验如图 10 - 43 所示。

154

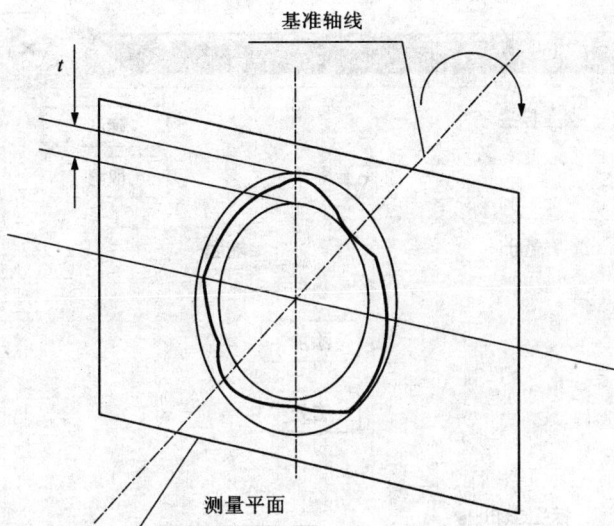

图 10 - 42　径向圆跳动公差

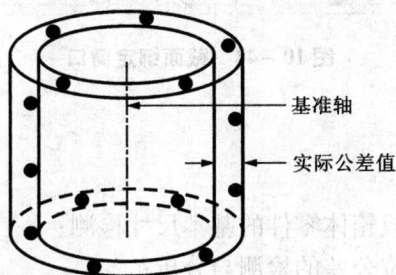

图 10 - 43　径向全圆跳动公差

四、截面绑定

定位公差和定向公差计算需要有限的特征。当这些公差应用在无限特征如直线、平面和圆柱轴线时，这些元素必须界定。定向公差和定位公差可以用限制平面和参考长度来界定。

MWorks - DMIS 软件中的截面绑定对话框如图 10 - 44 所示。

对话框说明：截面绑定时首先选择从添加按钮左边的列表框选取元素，选择后点击"添加"按钮，特征将会出现在右边的列表框，取消可以点击"去除"按钮。标签过滤与标签排序是为了方便用户寻找某一类型的特征元素。

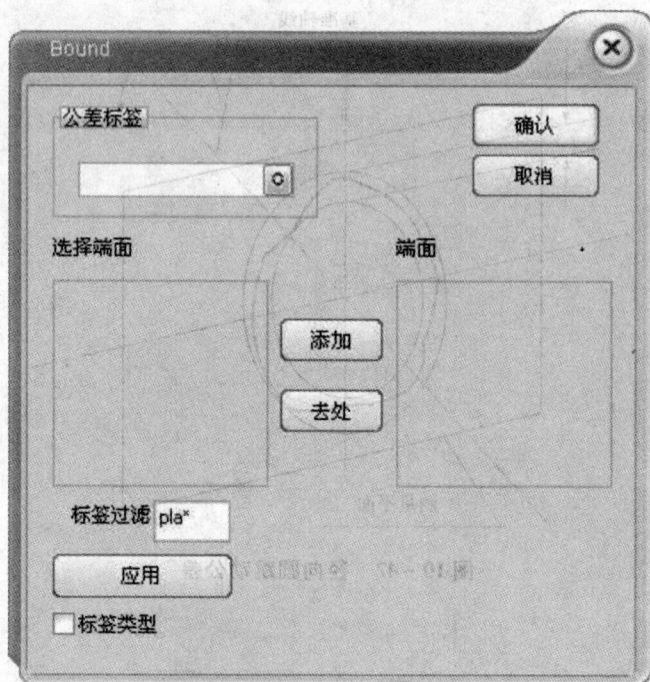

图 10 - 44 截面绑定窗口

【任务实施】

(1)利用三坐标测量机完成箱体零件的基本尺寸检测；

(2)完成该箱体零件各形位公差的检测与分析；

(3)完成质量分析报告。

【任务考核】

利用三坐标测量机完成箱体零件的基本尺寸、形位公差检测，并进行质量分析及填写质量分析报告。

被测零件	名称	位置标注	公差	
计量器具	名称	测量范围	示值范围	分度值

续上表

测量简图				
测量数据	实际尺寸			
测量截面	1	2	3	4
测量方式及 两表读数差				
最大差值				
合格性判断				
实训心得				

班级	姓名	学号	审核老师	成绩	日期	

【思考与拓展】

1. 分析三坐标测量机检测形位公差与常规检测手段原理上有何不同。

2. 截面绑定有何意义及作用？哪些几何公差需要对被测元素进行绑定？

3. 写出 DMIS 语言中对公差进行评估分析的语句段。

参考文献

［1］易宏彬. 机械产品检测与质量控制. 第 2 版. 北京：化学工业出版社，2017.

［2］徐茂功. 公差配合与技术测量. 第 3 版. 北京：机械工业出版社，2008.

［3］于慧. 互换性与技术测量基础. 北京：化学工业出版社，2014.

［4］忻良昌. 公差配合与测量技术. 北京：机械工业出版社，2011.

［5］郭桂萍,耿南平. 公差配合与技术测量. 北京：北京航空航天大学出版社，2010.

［6］娄琳. 公差配合与测量技术. 北京：人民邮电出版社，2009.

［7］机械工程师手册编写委员会. 机械工程师手册. 北京：机械工业出版社，2007.

［8］王伯平. 互换性与测量技术基础. 第 5 版. 北京：机械工业出版社，2017.

［9］陈冬梅. 精密零件的三坐标检测. 北京：电子工业出版社，2019.

［10］夏忠定. GD&T 几何公差入门与提高. 北京：电子工业出版社，2019.

［11］人力资源和社会保障部教育培训中心组编. 精密检测技术. 北京：机械工业出版社，2019.

［12］孙长库，胡晓东. 精密测量理论与技术基础. 北京：机械工业出版社，2015.

图书在版编目（CIP）数据

机械零件检测技术／谭霖主编. —长沙：中南大
学出版社，2020.1
　ISBN 978 - 7 - 5487 - 3811 - 4

　Ⅰ.①机… Ⅱ.①谭… Ⅲ.①机械元件－质量检验－
高等职业教育－教材 Ⅳ.①TH13

　中国版本图书馆 CIP 数据核字（2019）第 246888 号

机械零件检测技术

谭　霖　主编

□责任编辑	谭　平
□责任印制	易建国
□出版发行	中南大学出版社
	社址：长沙市麓山南路　　　　　邮编：410083
	发行科电话：0731 - 88876770　　传真：0731 - 88710482
□印　　装	长沙市宏发印刷有限公司

□开　　本	787 mm×1092 mm 1/16　□印张 10.5　□字数 266 千字	
□版　　次	2020 年 1 月第 1 版　□2020 年 1 月第 1 次印刷	
□书　　号	ISBN 978 - 7 - 5487 - 3811 - 4	
□定　　价	36.00 元	